Kind und Hund

Expertenwissen für Hundeprofis, Band 2

für Paul

Kind und Hund

Expertenwissen für Hundeprofis, Band 2

Manuela van Schewick

Filander Verlag

Bibliographische Information der Deutschen Bibliothek
Die Deutsche Bibliothek verzeichnet diese Publikation in der Deutschen Nationalbibliografie; detaillierte bibliografische Daten sind im Internet über http://dnb.ddb.de abrufbar.

Umschlaggestaltung: Jochen Dietrich
Herstellung: Filander Verlag GmbH
Druck: Inprint GmbH, Erlangen
Umschlagfotos: M. v. Schewick

ISBN 978-3-930831-87-6

Inhalt

Einleitung

Eine Gruppe Kinder tollt über die Wiese, begleitet von einem Hund. Sie suchen Tierspuren im Wald, kugeln einen Hügel hinunter, stauen noch schnell den Bach, um dann gleichermaßen schmutzig und müde nach Hause zu kommen. Ein Kleinkind kuschelt sich an den Hund, der in seinem Korb oder seiner Hütte liegt. Kinder helfen im Stall beim Versorgen von Pferden, Kühen oder Schafen, werden von den Erwachsenen zum richtigen Umgang mit dem jeweiligen Tier angeleitet. Tiere oder Kinder, die beim Umgang miteinander Grenzen überschreiten, werden korrigiert. Das Wissen um das Verhalten und die Bedürfnisse der Tiere wird von Generation zu Generation weiter gegeben. Das war einmal…

Wir sind bereits bei der Generation der Großeltern angekommen, die zu einem großen Teil selbst nicht mehr im Umgang mit Tieren angeleitet wurde. Ihnen fehlt die Erfahrung des selbstverständlichen Miteinanders. Szenarien, wie oben beschrieben, bilden heute die Ausnahme. Tradiertes Wissen fehlt und mangelnde Erfahrung mit Tier und Natur verhindert intuitives Handeln. Zwischen übertriebener Vorsicht im Zusammenleben mit Kind und Hund und unreflektiertem laissez faire begegnen uns viele Formen des Miteinanders.

Zwar ist die Forschung in Sachen Verhalten, ob bei Mensch oder Tier, mit Siebenmeilenstiefeln vorangeschritten, und jeder, den sein Gegenüber wirklich interessiert, könnte sich eine Fülle von Wissen über dessen Verhalten, Entwicklung, Lernverhalten oder Bedürfnisse aneignen, aber jeder, der mit Menschen und/oder Tieren arbeitet, weiß, dass dies eher nicht oder unzureichend geschieht. Selbst Versuche gesetzgebender Instanzen, den Umgang mit Hunden zu reglementieren, kranken an mangelndem Wissen über deren Verhalten.

Natur kann man schon ganz früh erleben und mit allen Sinnen erfassen.

Als meine Töchter begannen, mir gelegentlich im Unterricht zu helfen, waren sie zunächst immer irritiert, wenn wir besprachen, was den Kursteilnehmern zu erklären sei. Für sie war von Baby an der Umgang mit Hunden selbstverständlich und sie hatten gelernt, Tiere zu beobachten und ihr Verhalten richtig einzuordnen. Daher schien ihnen das, was sie vermitteln sollten, zu banal und selbstverständlich. Sie fürchteten zunächst immer, die Kursteilnehmer würden sich nicht ernst genommen fühlen und beleidigt sein, wenn man ihnen diese Basics des Miteinanders erklärte. Es fiel ihnen anfangs schwer, sich vorzustellen, dass sich Menschen ohne entsprechende Kindheitserfahrungen die Materie bewusst und rational erarbeiten müssen.

Für viele Kinder bedeutet der Hund viel mehr, als man sich als Trainer, der zu einer Problemsituation mit dem Familienhund gerufen wird, zunächst vorstellen kann. Seine Fähigkeit, unsere momentane Befindlichkeit zu erfassen und sich in seinem Verhalten darauf einzustellen, gegebenenfalls spontan Nähe und Zuwendung zu geben, ist uns allen wohl bekannt. Die ausgleichende und positive Wirkung seiner Nähe ist durch zahlreiche Forschungsarbeiten belegt.

Unsere Kinder leben schon lange nicht mehr in der Großfamilie, wo Tante oder Opa immer da sind und Zeit haben. Sie erleben gestresste Eltern, die vielen Anforderungen gerecht werden müssen, oft wenig Zeit haben, schlicht genervt sind. Zeit zum Kuscheln, dem Kind zuzuhören ohne ständig auf das Wesentliche des Berichtes zu drängen, zum entspannten Spiel und zu Unternehmungen ist knapp. Gleichaltrige Spielpartner wohnen nicht mehr unbedingt in der Nähe, das Spiel im Freien mit Nachbarskindern ist z. T. dem Computerspiel und langen Fernsehsessions gewichen. Zweifellos ist es eine andere Form des Miteinanders, ob man permanent über sms kommuniziert oder gemeinsam die Welt erkundet und Unfug macht. Kinder und Jugendliche stehen zudem oft unter einem enormen Leistungsdruck, der nicht nur die Schule betrifft. Freizeitveranstaltungen sind nicht selten gleichzusetzen mit Leistungsstress und die Erwartungshaltung des sozialen Umfeldes ist groß.

Vielleicht kann ein Hund die tatsächliche Nähe des Freundes ebenso wenig wie die entspannte Zeit mit Mutter oder Vater ersetzen, aber das Gefühl von Nähe, Geborgenheit und Verstandenwerden, das er geben kann, sollten wir nicht unterschätzen. Er kann einfach da sein, neben dem Kind liegen beim Lesen, beim Fernsehen oder bei der Erledigung der Hausaufgaben. Er kann zuhören ohne genervt zu sein, ohne Ratschläge und erhobenen Zeigefinger. Geheimnisse behält er für sich. Selbst der „coolste" Teeny kann gelegentlich entspannt mit ihm kuscheln, Nähe zulassen, die Seele baumeln lassen oder einfach nach Herzenslust spielen. Die Maßgaben unserer Leistungsgesellschaft beeinflussen die Zuwendung unseres vierbeinigen Freundes nicht, für ihn zählt die analoge Kommunikation mit dem Kind.

Hunde können für die Entwicklung von Kindern und Jugendlichen, insbesondere im emotionalen, sozialen und kognitiven Bereich von unschätzbarem Nutzen sein. Das Kind lernt in der Auseinandersetzung mit dem Tier z.B. andere Individuen in ihren Bedürfnissen zu akzeptieren, Einfühlungsvermögen zu entwickeln, sich selbst zurück zu nehmen und Verantwortung zu übernehmen. Der Sozialpsychologe Prof. Dr. Bergler kommt sogar zu folgendem Schluss: „Fassen wir zusammen: Kindern, die ohne Erlebnisse mit Tieren aufwachsen, fehlen in ihrer Entwicklung existenziell wesentliche Erfahrungen. Eltern sollten darum alles tun, um Kindern den Zugang zu Tieren zu einem möglichst frühen Zeitpunkt ihrer Entwicklung zu ermöglichen." (Reinhold Bergler, „Warum Kinder Tiere brauchen", Herder, 1994, S. 18) Verschiedene Studien belegen, dass Kinder, die mit Hunden aufwachsen, umgänglicher, weniger aggressiv und sozial kompetenter sind als ihre Altersgenossen ohne Hund.

Kinder und Hunde ziehen sich oft magisch an, können schöne und wertvolle Zeiten miteinander haben, voneinander profitieren. Dies kann aber nur dann der Fall sein, wenn bestimmte Voraussetzungen stimmen, die Fähigkeiten, die entwicklungsbiologischen Besonderheiten und die Bedürfnisse der jeweiligen Individuen berücksichtigt werden. Mangelndes Wissen und mangelndes Verständnis für beide kann nicht nur eine schöne Kind-Hund-Beziehung verhindern sondern sogar ernsthafte Gefahren nach sich ziehen.

Ziel dieses Buches ist es, diese artengemischte Lebensgemeinschaft, Familie mit Hund, aus unterschiedlichen Positionen zu beleuchten, Verständnis zu schaffen, für die Handlungsmöglichkeiten von Eltern, Kindern und Hunden. Für jene, die mit Menschen und Hunden arbeiten und in Sachen Hund und Mensch beraten, soll hier das sich ständig verändernde soziale Geflecht -Familie- in besonders zu berücksichtigen Punkten unter die Lupe genommen und mit Beispielen aus der eigenen Erfahrung veranschaulicht werden. Es ist ein Buch aus der Praxis für die Praxis.

Unsere Kinder bestimmen das Leben von morgen! Gelingt es uns, ihnen wieder mehr Bezug zur Natur, mehr Wissen über den Umgang mit Tieren zu vermitteln, sie damit vertraut zu machen und Achtung davor aufzubauen, haben wir einen guten Beitrag für Mensch, Tier und die gesamte Natur geleistet.

Der Familienhund

Sowohl der Mensch als auch der Hund sind aufgrund ihrer genetischen Disposition darauf angelegt, in einer sozialen Gemeinschaft, und das ist zunächst einmal der Familienverband, zu leben. Beide sind grundsätzlich in der Lage, mit ihren Sozialpartnern zu kommunizieren, bei entsprechend verlaufender Ontogenese eine hohe soziale Kompetenz zu entwickeln, arbeitsteilig zu arbeiten und den Nachwuchs gemeinsam aufzuziehen. Vor einigen tausend Jahren begannen sie, artübergreifende Gemeinschaften zu bilden, eine Art Symbiose, in der jeder vom anderen profitierte.

Erik Zimen beschreibt in seinem Buch „Der Hund" (Wilhelm Goldmann Verlag, München 1992, S.85/86) u.a. das Zusammenleben von Hunden mit der sehr ursprünglich lebenden Bevölkerungsgruppe der Turkana in Afrika. Die Selbstverständlichkeit des Umgangs mit dem Tier, die Normalität des arbeitsteiligen Handelns in der Gemeinschaft beinhaltet sogar, dass die Babys und Kleinkinder vom Hund gehütet werden, wenn die Eltern anderweitig beschäftigt sind.

Allein der vage Gedanke daran würde in unserer naturentfremdeten Gesellschaft gleich alle Alarmglocken läuten lassen und den Kinderschutzbund auf den Plan rufen. Genau diese Naturentfremdung beraubt die meisten Eltern aber auch der Fähigkeit, das Verhalten des Hundes einzuordnen. Sowohl Hunde als auch Kinder unterliegen in unseren Breiten ganz anderen Stressfaktoren. Der Umgang mit ihnen unterscheidet sich in vielen Punkten, daher wäre der Hund als Babysitter meist keine gute Idee. Hunde sind nicht nur hoch soziale Lebewesen, sie sind, auch im Bereich der sozialen Kommunikation, sehr wehrhafte Tiere und sie gehören biologisch zur Ordnung der Raubtiere. Sie sind also durchaus auch in der Lage zu verletzen und zu töten. Entsprechende Schlagzeilen in den Medien nach tragischen Unfällen lassen dies immer wieder allzu deutlich werden.

Trotzdem bewährte sich die Artengemeinschaft Mensch-Hund über Jahrtausende. Aufgrund unterschiedlicher Lebensverhältnisse der Menschen entwickelten sich entsprechend unterschiedliche Schläge, die dem Menschen in seinem Alltag hilfreich waren. Heute haben wir es mit einer Fülle von Rassen und sich daraus ergebenden Mischlingen zu tun, die sich im Exterieur, insbesondere aber in ihren Wesenseigenschaften und Bedürfnissen massiv voneinander unterscheiden. Verdeutlichen wir uns ihre ursprünglichen Aufgaben, scheint dies schlüssig und selbstverständlich. Das ist dem hundeunerfahrenen Laien meist aber nicht, zumindest nicht in allen Konsequenzen klar. Nicht jede wuschelige Schönheit ist auch ein geduldiger Kuschelhund und fehlende Körpergröße hat nichts mit leichtem Handling zu tun.

Beratung vor dem Kauf

Beratung vor dem Hundekauf wird zwar in allen guten Hundeschulen angeboten, erfahrungsgemäß aber immer noch zu selten in Anspruch genommen. So ergibt sich meist gar nicht die Frage, welcher Hund denn für die jeweilige Familiensituation geeignet ist. Vielmehr werden Fachleute, deren Rat und Hilfe erbeten wird, im Allgemeinen mit der bestehenden Mensch-Hund-Kombination konfrontiert. Trotz einer Fülle von Berichten in den Medien ist das Bewusstsein, dass ein Hund sich nicht allein im Exterieur von seinen Artgenossen unterscheidet, nicht wirklich vorhanden. Der Hundelaie, der versucht sich zu informieren, steht vor einer Fülle von Informationen, deren Inhalt er nicht zu durchschauen und einzuordnen vermag. Liest man sich Rassebeschreibungen der unterschiedlichsten Hunderassen durch und glaubt den engagierten Ausführungen mancher Tierschützer, so ist eigentlich jeder Hund der optimale Familienhund.

Nahezu alle Wesenseigenschaften und Alltagsbedürfnisse lassen sich so formulieren, dass der unerfahrene Hundefreund den passenden Hund für seine Familie darin sieht.

Frage ich beispielsweise einen Interessenten für einen Labradorwelpen, warum er sich für diese Rasse entschieden hat, kommt meist die Antwort, dass es so ein ruhiger, freundlicher und kinderlieber Familienhund ist, der leicht zu erziehen und für Anfänger geeignet sei. Die Tatsache, dass es sich um einen sehr engagierten Arbeitshund handelt, der physisch und psychisch ausgelastet werden muss, und dass seine im Rassestandard beschriebene Freundlichkeit, Sensibilität und Leichtführigkeit nicht nur mit Genetik sondern auch mit vor- und nachgeburtlichen Einflüssen sowie ganz elementar den Aufzuchtbedingungen zu tun hat, wird oft nicht bedacht. Dass der kleine Terrier ein prima Kumpel für die Kinder ist und aufgrund seiner Größe von ihnen ja auch eigenständig ausgeführt werden kann, ist ein ebenso blauäugiges Entscheidungsargument wie die grundsätzlich gute Sozialisierung und „Dankbarkeit“ des Importhundes. So steht der Berater nicht selten vor einer Kombination von Individuen, die im besten Falle eine lange Leidensgemeinschaft bilden werden.

Daran ist oft nicht einmal der spontane Kauf unter begeistertem Quengeln der Kinder schuld, sondern eben oft die Tatsache, dass die Qualität der Beratung vom Laien kaum einzuschätzen ist. Dass ein Tierschützer, der seit Jahren aktiv ist, ebenso wenig Ahnung von Hundeverhalten haben muss, wie jemand, der sich als Züchter bezeichnet, und vielleicht ganz viele Hunde, in schönen großen Zwingern gehalten, anbietet, kommt dem unerfahrenen Hundeinteressenten gar nicht in den Sinn. Insbesondere dann nicht, wenn der Anbieter sein fundiertes Halbwissen souverän verkauft. Durch kostenlose oder zumindest sehr günstige Beratung vor dem Hundekauf, auf die auch ausdrücklich hingewiesen werden sollte, können wir einen Anreiz für Hundeinteressenten schaffen, frühzeitig qualifizierte Hilfe in Anspruch zu nehmen.

Haben wir die Möglichkeit, Familien vor der Anschaffung eines Hundes zu beraten, sind viele Faktoren zu berücksichtigen und möglichst vor der Wahl der Rasse ganz allgemeine Voraussetzungen abzuklären:

- Warum soll ein Hund erworben werden?
- Welche Aufgaben soll er haben? Gibt es evtl. einen „Job" für ihn (Jagdhund, Wachhund, Schulhund, ...)
- Wie ist die Lebens- und Wohnsituation?
- Wer möchte den Hund haben?
- Wer wird sich in der Hauptsache um ihn kümmern?
- Gibt es bereits Kinder im Haushalt oder sind Kinder geplant?
- Wie alt sind die Kinder?
- Wie kann das Zusammenleben von Kind und Hund im Alltag konkret gestaltet werden?
- Kann theoretisch immer ein Erwachsener zuhause sein, wenn ein Kind zuhause ist, oder wird es mit dem Hund alleine sein?
- Sind alle Familienmitglieder gesund oder gibt es besondere Belastungen?
- Welche Ideen und Vorlieben gibt es bereits zur Auswahl eines Hundes?

Die Idee, einen Hund für die Kinder zu kaufen, ist eine schlechte Idee, die, einen Hund zu erwerben, von dem die Kinder auf vielfältige Weise profitieren können, eine gute! Auch wenn Kinder sich noch so sehr einen Hund wünschen, sind sie im Allgemeinen nicht in der Lage, sich allein ausreichend um ihn zu kümmern. Der Hund soll eine Bereicherung im Leben des Kindes oder Jugendlichen darstellen und nicht zur allgegenwärtigen Pflicht werden, die die Kids überfordert und den Hund bald zur Last werden lässt! Kinder und Jugendliche können altersgemäß Aufgaben und Verantwortung in der Betreuung des Tieres übernehmen, die Hauptverantwortung liegt

Der Idealfall ist ein entspanntes Miteinander.

jedoch beim Erwachsenen! Es kann nicht sein, dass der Besuch beim Freund, das Fußballspiel oder das Zeltlager am Wochenende nicht mehr möglich ist, weil der Hund betreut werden muss! Selbst wenn ein älteres Kind oder ein Jugendlicher einen großen Teil der Verantwortung für Pflege und Erziehung übernehmen möchte, ist er immer auf die Hilfe des Erwachsenen angewiesen, der bei dieser komplexen Aufgabe als zuverlässiger Partner zur Seite steht. Der Wunsch des Kindes nach einem Hund reicht nicht für die Alltagsbewältigung. Es muss immer ein Erwachsener da sein, der selbst diesen Hund haben möchte und sich als Hauptverantwortlichen sieht!

Der Alltag mit Hund kann auch dann schwierig werden, wenn nicht alle Familienmitglieder mit dem Vierbeiner glücklich sind. In Hundeschulen sind meist Frauen anzutreffen, und meist waren auch sie es, die, neben den Kindern, die Anschaffung forcierten. Sieht der Partner das Leben mit Hund eher skeptisch, stört ihn das zwangsläufig veränderte Schmutzaufkommen, mag er die Nähe des Tieres nicht, ist er gegebenenfalls sogar auf den Hund eifersüchtig, kann das zu einer enormen Belastung werden. Hundehalter haben es ohnehin mit diversen Erwartungen und Anfeindungen ihrer Umwelt zu tun. Verständnislosigkeit oder gar feindselige Bemerkungen in der engsten Familie, lassen einen zusätzlichen Druck entstehen, der ein entspanntes Handling des Hundes kaum noch möglich macht. Die Angst, dass die Erziehung des Hundes nicht optimal gelingt, dass das Zusammenspiel zwischen Kind und Hund Probleme bringt und der Partner dadurch noch unzufriedener wird, kann für den hundebegeisterten Partner so belastend sein, dass letztlich die Bedürfnisse aller zu kurz kommen, der Vierbeiner im Zweifel wieder abgegeben wird.

Den Alltag ganz konkret mit den Familien durchzusprechen, sich einmal genau vorzustellen, wer was wann macht, wo der Hund sich aufhalten soll, wo Gefahren sind, was es zu verhindern gilt, wer mit dem Welpen nachts oder morgens raus geht, wer in dieser Zeit das

Baby oder Kleinkind betreut, wo Spaziergänge möglich sind, oder was konkret welches Kind schon tun könnte, lässt die Vorstellung vom Alltag mit Hund plastischer werden. Hilfreich ist es, die organisatorischen Fixpunkte des Alltags einfach mal schriftlich darzustellen und dazu vielleicht ein paar Notizen zum reibungslosen Ablauf mit vierbeinigem Familienzuwachs zu machen.

Es muss auch angesprochen werden, dass die Anwesenheit eines Hundes manche Familienunternehmungen schwer möglich macht, bzw. ein wenig Organisation erfordert. Der Hund im Schwimmbad oder im Kino ist eher die Ausnahme, und die Tageswanderung mit dem Welpen oder Junghund ist auch keine gute Idee. Alleine kann er ebenfalls nicht lange bleiben, und so ist die Freundin oder der Opa als Rettungsanker für hundeungeeignete Unternehmungen, für Krankheitsfälle oder auch einfach mal zur Entlastung, wenn z.B. zwei Kleinkinder gerade „super drauf" sind, fast unentbehrlich. Je klarer und nachvollziehbarer die Vorstellung vom Leben mit dem Hund ist, desto geringer wird die Wahrscheinlichkeit, von der realen Situation überfordert zu werden. Einen Hund wieder abgeben zu müssen, weil das Leben mit ihm doch zu kompliziert ist, bedeutet zumindest für Kind und Hund eine Katastrophe und kann das Vertrauensverhältnis zwischen Eltern und Kind sehr belasten.

Die Anschaffung eines Hundes bedeutet, für ein Lebewesen Verantwortung zu übernehmen. Diese Phase ist bereits ein wichtiger Lernschritt für die Kinder! Sie erfahren, dass man nicht leichtfertig die Sorge für ein anderes Individuum übernehmen kann und dass ein solcher Schritt mit Bedacht vorbereitet sein muss. Es ist pädagogisch sinnvoll, sie je nach Alter intensiv in die Vorbereitung des Hundekaufs einzubeziehen, ihnen zu vermitteln, dass man sich entsprechendes Wissen dafür aneignen und die eigene Einstellung und Motivation hinterfragen muss, um dem Tier gerecht zu werden und eine schöne gemeinsame Zeit erreichen zu können. Sie sollten sich dabei nicht als die Kleinen, für die gesorgt wird, fühlen, sondern vielleicht zum ersten Mal zu den Großen gehören, die verantwortlich mit planen. Für viele Kinder ist das eine neue und wichtige Lebenserfahrung.

Anforderungen an die physische und psychische Konstitution

Unfälle mit Hunden geschehen zu einem hohen Prozentsatz im eigenen Haushalt, also mit dem eigenen Hund oder mit einem gut bekannten Hund aus dem engeren Umfeld des Kindes. Das Hundemagazin WUFF veröffentlichte eine von Dr. Hans Mosser[1] verfasste Metaanalyse der Risikofaktoren, in der zum Bekanntheitsverhältnis Folgendes festgestellt wurde:

„In 79,5 % (75–91 %) war der Hund dem kindlichen Unfallopfer bekannt. In 64 % (46–75 %) der Fälle erfolgte die Beißverletzung durch den eigenen Familienhund im eigenen Haushalt."

Es sind also nicht die spektakulären Fälle, an denen zwielichtige Hundehalter und unkontrollierbar gewordene Hunde beteiligt sind, die die Masse der Unfälle ausmachen, es ist eher der eigene Hund, der beißt. Ursachen hierfür liegen in mangelndem Wissen über das Verhalten von Hunden, in der Fehleinschätzung der kindlichen Fähigkeiten im Umgang mit dem Tier, in der Auswahl des Hundes und mangelnder Erziehung.

Brauchbare Statistiken, die Aufschluss über die Hintergründe der Unfälle geben, gibt es kaum. Häufig sind Details über die individuelle Geschichte des Hundes, z.B. über die entscheidenden ersten Lebenswochen, dem Hundehalter nicht bekannt. Ihm fehlt zudem meist die Möglichkeit, das Verhalten seines Hundes richtig einzuschätzen.

1 Hans Mosser: Metaanalyse der Risikofaktoren, Hunde-Beißunfällen bei Kindern und Jugendlichen, WUFF, Ausgabe 2002–03.

Auch der Hergang des Unfalls kann oft nicht genau rekonstruiert werden.

Einige Punkte kristallisieren sich im Vergleich der Statistiken, Berichte und Untersuchungen allerdings immer wieder heraus, nämlich, dass Kinder ca. doppelt so oft betroffen sind, wie Erwachsene, dass Rüden häufiger beißen als Hündinnen und jüngere Hunde öfter als ältere.

Häufige Unfallsituationen sind das Spiel oder das Schmusen mit dem Hund, das Vorbeigehen, -rennen oder -fahren an einem Hund und Momente, in denen Futter im Spiel ist.

Frau Dr. Feddersen-Petersen beschreibt, welche Hunde eher zu Übergriffen auf Menschen neigen als andere:

- ängstliche und unsichere Hunde
- Hunde, die durch falsche Zuchtauswahl verändertes Sozialverhalten zeigen
- Hunde mit mangelhafter Sozialisierung und Umwelterfahrung in den sensiblen Lernphasen
- in sozialer Isolation lebende Hunde (z. B. Zwingerhunde)
- Hunde, die nicht ihren Bedürfnissen entsprechend gehalten und ausgelastet werden, z.B. Jagdhunde, Schutzhunde, Hüte- oder Herdenschutzhunde, …
- sozial expansive Hunde, die mangels Erziehung und klarer Grenzen keinen sicheren Platz im Ranggefüge des Familienverbandes haben
- Hunde, die bewusst auf Kampfbereitschaft gezüchtet oder dressiert wurden

Berücksichtigen wir all dies und stellen uns noch den turbulenten Alltag in einer Familie mit mehreren Kindern vor, ergeben sich eigentlich bereits daraus die Ansprüche, die wir an einen optimalen Familienhund stellen müssen, von selbst:

- Optimale Sozialisierung und Habituation
- Ausreichende Erfahrungen mit Kindern unterschiedlichen Alters in den sensiblen Entwicklungsphasen
- Freundliche Grundstimmung und Vertrauen gegenüber Menschen
- Sicherheit und Gelassenheit in allen Alltagssituationen
- Geringe Stressanfälligkeit
- Sicherheit gegenüber optischen und akustischen Reizquellen und Schussfestigkeit (Knallgeräusche)
- Hohe Reizschwelle
- Ausgeprägte Frustrationstoleranz
- Kontrollierbare Arbeitsveranlagung
- Verträglichkeit im Umgang mit Artgenossen
- Gelassenheit gegenüber anderen Tieren
- Gute Lernfähigkeit
- Hohe Kooperationsbereitschaft
- Ausgeglichenes Temperament
- Spielfreudigkeit
- Ausreichende körperliche Robustheit und Unempfindlichkeit

Veranlagung und optimale Aufzucht alleine reichen nach den oben genannten Auffälligkeiten nicht aus, um das Zusammenleben von Kindern und Hunden sicher genug zu gestalten. Auch die Haltungsbedingungen müssen stimmen und den Familien vorher bewusst sein:

- Gute Eingliederung in das soziale System – Familie
- Aufbau einer engen Bindung an die Menschen
- Gezielte Anleitung der Kinder im Umgang mit dem Hund
- Weiterführung des beim Züchter begonnenen sozialen Lernens und Umweltlernens
- Sinnvolle Erziehung

- Klare Grenzen
- Rassespezifisch sinnvolle Beschäftigung und Auslastung
- Bewusste Beobachtung der Verhaltensentwicklung
- Regelmäßige tierärztliche Kontrolle

Ziel bei der Beratung von Familien, Paaren mit Kinderwunsch, Therapeuten oder Pädagogen, die den Hund in ihre Arbeit mit Kindern integrieren möchten, sollte die Vermittlung des nötigen Hintergrundwissens sein, welches die Auswahl eines Hundes ermöglicht, von dem ein möglichst unkompliziertes und positives Miteinander zu erwarten ist. Hierzu gehören Informationen über

- rassespezifisches Verhalten und damit verbundene Bedürfnisse und Umweltansprüche des Hundes
- Individualentwicklung, Sozialisierung und Habituation
- Optimale Aufzuchtbedingungen
- Die besondere Bedeutung der ersten Lebenswochen und -monate
- Die Problematik unbekannter Ontogenese und bisheriger Lebenssituation eines Hundes
- Spezifische Probleme von Hunden aus dem Ausland

Auswahlkriterien bei der Anschaffung

Im Gespräch mit hundeinteressierten Familien oder potenziellen Eltern geht es oft um die gleichen Fragen: Ist es sinnvoller einen Welpen oder einen erwachsenen Hund zu nehmen, einen Hund vom Züchter oder vom Tierschutz, aus dem In- oder Ausland, Rüde oder Hündin? Rassespezifische Veranlagungen spielen in den Vorüberlegungen oft noch gar keine Rolle. Gelegentlich sind einzelne Vertreter bestimmter Rassen bekannt oder man hat Positives gehört und diese Erfahrungen werden dann nicht selten generalisiert für alle Individuen dieser Rasse abgespeichert. Der im Prinzip lobenswerte Wunsch, Gutes zu tun, einem armen Hund aus dem Tierschutz ein schönes Zuhause zu geben, steht auch oft im Raum.

Mein Anliegen ist es, dass die Familie einen Hund findet, der sozial sicher und umweltsicher ist, der das Familienleben bereichert und nicht zur Belastung wird, und der keine Gefahr sondern einen Gewinn für die Kinder darstellt. Da ein Hund kein Computer ist, in den ich das alles eingeben und später abrufen kann, kann ich nur versuchen, optimale Voraussetzungen für die gewünschte Entwicklung des Mensch-Hund-Teams zu schaffen. Um das Verhalten eines Hundes möglichst früh beeinflussen zu können und soviel wie möglich über sein genetisches Umfeld und die ersten Lebenswochen zu wissen, rate ich Familien mit Kindern, Paaren, die Kinder haben möchten, oder Hundeinteressenten, die ihren Hund pädagogisch oder therapeutisch einsetzen wollen, grundsätzlich zum Kauf eines Welpen, wenn sich das irgendwie mit der Lebenssituation vereinbaren lässt. Bestenfalls hieße das:

Die Rasse oder auch ein Mischling wird mit Bedacht ausgesucht, wobei die zu erwartenden Wesenseigenschaften, besonderen Fähigkeiten und Bedürfnisse des Hundes klar formuliert und alltagsrelevant besprochen werden müssen.

- Der Züchter wird genau unter die Lupe genommen, die Elterntiere haben optimale Eigenschaften, die Welpen wachsen so auf, dass sich alle gewünschten Eigenschaften entwickeln können.
- Die Familie darf ihren Hund oft besuchen, alle Familienmitglieder, insbesondere auch die Kinder, können bereits Kontakt zu ihm herstellen und werden vom Züchter gut betreut und angeleitet. Die Kinder erleben bereits die ersten wichtigen Entwicklungsphasen eines Hundes.
- Gemeinsam mit dem Züchter, evtl. auch gemeinsam mit einem erfahrenen Trainer, wird ein Hund aus dem Wurf ausgesucht,

der weder Macho noch Angsthase ist, und zu dem sich leicht Kontakt herstellen lässt.

Die Entscheidung, ob Rüde oder Hündin würde ich eher der Individualität des Hundes unterordnen. Ich kenne sowohl Rüden als auch Hündinnen, die ein Traum sind im Umgang mit Kindern und ebenso Hunde beiderlei Geschlechts, die eher nicht in eine Familie gehören. Wir sollten hier in der Beratung eher auf die Persönlichkeit der Menschen und auf deren Vorlieben für Rüde oder Hündin schauen, natürlich nicht, ohne besondere Rassemerkmale zu beachten und das Hundeumfeld der neuen Besitzer zu berücksichtigen.

Sicher kann auch ein erwachsener Hund, der in eine Familie oder zu einem Therapeuten kommt, für seine neue Aufgabe genau der richtige Hund sein, sicher auch der Hund aus dem Tierheim oder aus dem Ausland. Es gibt viele Beispiele dafür! Wir haben es aber mit einer großen Unbekannten zu tun – mit der Vergangenheit.

Kann ein Hund aus bekanntem Umfeld übernommen werden, der vielleicht ohnehin schon mit den neuen Menschen vertraut ist und der von seiner Persönlichkeit her passend erscheint, ist das weniger problematisch als die Integration eines Hundes, von dem wir nichts wissen.

Beschreibungen über das Verhalten des zu vermittelnden Tierheimhundes haben häufig leider nichts mit dem Verhalten des Hundes in seiner neuen Umgebung zu tun. Hunde aus dem Ausland werden fast immer als „sehr lieb, dankbar und besonders gut sozialisiert“ beschrieben. Gerade bei Hunden aus dem Ausland wird häufig nicht darauf aufmerksam gemacht, dass elementare Entwicklungsphasen in einer völlig anderen Umwelt und anderen Kultur verlaufen sind und dass mancher Importhund mit der hier vorhandenen Umweltsituation, und erst recht mit dem turbulenten Alltag in einer Familie, völlig überfordert sein kann. Die im Ursprungsland vorhandenen Schläge bzw. Rassen und deren Wesenseigenschaften sind oft ebenso wenig bekannt wie die Tatsache, dass ernsthafte Erkrankungen, die z.T. auch für Kinder problematisch sein können, bei diesen Hunden nicht selten sind.[2]

Es ist unsere Aufgabe als Berater darzustellen, welche Probleme auftreten können, wenn Sozialisierung und Habituation den Hund eben für ein anderes Leben vorbereitet haben! Raten wir zum Erwerb eines Hundes mit unklarer Vergangenheit, ist es unsere Pflicht, diesen Hund genau unter die Lupe zu nehmen und ihn dabei auch in Situationen zu bringen, in die er unbedacht von Kindern gebracht werden könnte. Kinder brauchen einen Hund zum Liebhaben, der sich gerne anfassen lässt, mit dem man kuscheln kann, zumindest gelegentlich. Sie möchten einen Kumpel zum Spielen haben, der nicht gleich Angst bekommt, wenn sie begeistert schreien oder sich schnell bewegen. Ein Hund, der sehr sensibel oder ängstlich auf laute Geräusche oder heftige Bewegungen reagiert, der einengende Situationen nicht ertragen kann, insgesamt unsicher oder ängstlich ist, gehört nicht in einen Haushalt mit Kindern! Natürlich kann man vieles erarbeiten, üben, den Hund an vieles gewöhnen. Was passiert aber, bis er sicherer ist? Wer gibt mir die Gewissheit, dass er sicherer wird? Was ist, wenn sich aus der Unsicherheit Aggressionstendenzen entwickeln?

Kein Hund sollte in Lebenssituationen hinein gezwängt werden, für die er, aus welchen Gründen auch immer, nicht geschaffen ist! Es kann auch nicht angehen, dass Kinder sich nicht mehr wie Kinder verhalten dürfen, weil der Hund damit überfordert ist! Alle Beteiligten leiden im Allgemeinen unter solchen Situationen, die Kinder, weil es sich mit dem heiß ersehnten Hund ganz anders lebt, als erhofft, die Erwachsenen, weil sie zumindest unterschwellig immer eine gewisse Gefahr sehen, und der Hund schon sowieso. Entweder der Hund wird mehr oder weniger zur Dauerbelastung, niemand

---

2 s. U. Gansloßer (Hrsg.): *Hunde aus dem Ausland*, Filander Verlag 2011

Ein wichtiger Baustein in der Entwicklung des späteren Familienhundes ist der ausreichende Kontakt mit Kindern in den sensiblen Entwicklungsphasen.

mag aber die Entscheidung treffen, dass es eigentlich nicht passt, alle leiden, oder der Hund wird abgegeben. Niemand hat gewonnen. Es macht keinen Spaß, weinenden Kindern und ihren Eltern zu erklären, warum der Hund eine Gefahr darstellt und besser schnell die Familie wieder verlässt! Im Umgang mit Lebewesen gibt es immer ein Restrisiko. Haben wir die Möglichkeit, das Risiko gering zu halten, so sollten wir uns dafür einsetzen.

Schwangerschaft

Situation der Eltern

Schwangerschaft, egal ob heiß ersehnt oder etwas unplanmäßig, bedeutet immer einen Neubeginn. Es beginnt neues Leben, nicht nur für das Kind. Auch für die Eltern oder zumindest die Mutter, wird sich das Leben maßgeblich verändern und neu gestalten. Selbst wenn die Freude über diese Veränderung groß ist, und wenn es keine existenziellen Sorgen gibt, pflegen sich zwischendurch immer wieder Zweifel einzuschleichen, ob es denn wirklich die richtige Entscheidung, der richtige Zeitpunkt, die passende Lebenssituation ist, ob man alles so hinbekommen wird, wie man es vor hat, ob das Kind gesund sein wird, die Partnerschaft beständig bleibt, … Zudem beginnt ein lang andauernder Lebensabschnitt, in dem alle Leute ungefragt und z.T. penetrant und insistierend gute Ratschläge geben, alles besser wissen, kritisieren und Horrorgeschichten erzählen.

Zwar ist der Organismus der Mutter dabei, sich durch eine heftige Hormonumstellung auf die neue Aufgabe einzuspielen und die werdende Mutter positiv zu stimmen, doch gerade am Anfang der Schwangerschaft kann diese Umstellung sehr gewöhnungsbedürftig sein. Wer unter häufiger Übelkeit, Erbrechen, Kreislaufproblemen oder starken Stimmungsschwankungen leidet, muss erst noch davon überzeugt werden, dass Progesteron, Östrogen und Co eher positiv stimmen. „Schwangerschaft ist keine Krankheit" sagt der Volksmund, man kann sich aber zeitweise ganz schön krank dabei fühlen. Besonders belastend ist es, wenn die Gefahr besteht, das Kind zu verlieren und besondere Vorsicht im Verhalten angesagt ist, gegebenenfalls sogar lange Phasen des Liegens erforderlich sind. Während das erste Drittel der Schwangerschaft von physischer und psychischer Umstellung bestimmt ist und im letzten Drittel das Baby bereits so viel Raum im Bauch einnimmt, dass schon wenig Bewegung viel Anstrengung bedeutet, ist das mittlere Drittel, so keine besonderen Probleme auftauchen, die Zeit, die man eher genießen kann. Existiert bereits ein Hund, wäre das der Zeitpunkt, wo am intensivsten an seiner Familientauglichkeit gearbeitet werden könnte.

Möglichkeiten der Vorbereitung des bestehenden Mensch-Hund-Teams

Da es ja ohnehin schon die Fraktion der „Allesbesserwisser" gibt, die nervt und verunsichert, wäre es absolut kontraproduktiv, würden sich Hundetrainer und Co dort einreihen. Verständnis, verständliche Information und konstruktive, realistische Vorschläge für die Zukunft des artgemischten Familienverbandes sind angesagt. Es ist wichtig, dass Trainer sich die Zeit nehmen, die Menschen und den Hund kennenzulernen und die Lebenssituation zu erfassen. Horrorgeschichten über die Gefahren für das Baby übernimmt eher die andere Fraktion. Eine objektive Aufklärung über mögliche Gefahren, die genau von diesem Hund ausgehen könnten, gehört, mit der nötigen Sensibilität und Klarheit erläutert, definitiv in unser Beratungsgespräch.

War der Hund bisher „das einzige Kind", muss auch er in eine neue Lebensphase hineinwachsen. In diesem Zusammenhang geht es nicht nur darum zu überlegen, welche Privilegien eventuell abgebaut, Rituale geändert oder Verhaltensweisen in andere Bahnen gelenkt werden müssen. Es ist wichtig, auch die hormonelle Situation des Hundes zu berücksichtigen um evtl. verändertes Verhalten zu verstehen bzw. die Hundebesitzer auf Möglichkeiten der Veränderungen hinzuweisen und sie auf richtige Reaktionen vorzubereiten.

Würde der Hund in freier Wildbahn in einem Familienverband leben, in dem Nachwuchs erwartet wird, wäre er, wie alle Rudelmitglieder, hormonell in Aufzuchtstimmung. Sowohl weibliche wie männliche Caniden, auch kastrierte, werden durch Ausschüttung von Prolaktin von der Natur sozusagen genötigt, den Nachwuchs des eigenen sozialen Systems fürsorglich mit zu betreuen. Dazu gehört nicht nur die mögliche Milchproduktion nicht gedeckter Hündinnen nach einer Scheinträchtigkeit, sondern auch erhöhte Wachsamkeit und Verteidigungsbereitschaft. Verteidigt werden gegebenenfalls auch optimale Aufzuchtbedingungen für den familieneigenen Nachwuchs (Erhalt des eigenen Genpools in der nächsten Generation). Dies kann aggressives Verhalten gegenüber rudelfremden Jungtieren, schlimmstenfalls deren Tötung bedeuten (s. Gansloßer, „Verhaltensbiologie für Hundehalter", Kosmos, 2007)

Im Klartext bedeutet das, dass Hunde, die eine enge Bindung an ihre Menschen haben, durch die veränderte familiäre Situation selbst hormonell auf Brutpflege eingestellt sein können. Sie können damit alle Verhaltensweisen zeigen, die biologisch gesehen für das Weiterbestehen der eigenen sozialen Gemeinschaft wichtig sind. Es ist also durchaus möglich, dass sie nicht vertraute Menschen und Tiere von der werdenden Mutter und später vom Kind fernzuhalten versuchen, und vielleicht sogar Kindern oder Jungtieren, die nicht zum vertrauten Umfeld gehören, ungewohnt unfreundlich begegnen. Bei kastrierten Rüden scheint durch das Zusammenspiel von Prolaktin und einer geringeren Testosteronmenge, die in der Nebennierenrinde produziert wird, das Brutpflege- und Jungtierbetreuungsverhalten in besonderer Weise gefördert zu werden.[3]

Ein Hund, der während der Schwangerschaft seiner Besitzerin oder nach Geburt eines Babys der Umwelt gegenüber insgesamt aufmerksamer ist, intensiveres Territorialverhalten zeigt als zuvor und eine höhere Bereitschaft seine Menschen zu beschützen erkennen lässt, zeigt also wahrscheinlich normales, biologisch erklärbares Ver-

3 s. U. Gansloßer, P. Krivy: *Verhaltensbiologie für Hundehalter – das Praxisbuch*, Kosmos, 2011

Artübergreifendes Brutpflegeverhalten

halten. Solche Tendenzen treten nicht nur bei der eigenen Besitzerin und deren Kindern sondern auch bei Schwangeren und Kindern aus dem engeren sozialen Umfeld auf.

Es ist nicht ungewöhnlich, dass Tiere, die in enger Gemeinschaft mit artfremden Individuen leben, Brutpflegeverhalten zeigen, das eben nicht nur auf die eigene Art beschränkt ist. Unsere Hündinnen und die Katzen zeigen dies sehr intensiv dem jeweils anderen Nachwuchs gegenüber. Die Katze legte sich beispielsweise in den Korb neben einen Hund und begann zu werfen, während eine Hündin, die selbst Welpen hatte, die Katzenwelpen trocken leckte und sie dann in ihre Wurfkiste mitnehmen wollte.

Unsere Pferde leben in einer Weidegemeinschaft mit Schafen. Obwohl diese Gemeinschaft erst kurze Zeit bestand, als die Schafe lammten, wurden einige Lämmer von meiner Isländerstute nach der Geburt trocken geleckt. Sie beschütze sie auch vor den anderen Pferden und vor fremden Hunden und wurde dabei nach wenigen Tagen von einem Wallach unterstützt. Auch die Esel, die hinzu kamen, ein Fohlen und eine tragende Stute, wurden von einem Wallach „adoptiert".

Die Zeit der Schwangerschaft sollte genutzt werden, um das Verhalten des Familienhundes noch einmal genau anzuschauen. Selbst wenn die werdenden Eltern davon ausgehen, dass ihr Hund sich dem Nachwuchs gegenüber friedlich verhalten wird, werden sie oft von Freunden und Verwandten verunsichert. Unsicherheit und Angst verhindern leicht objektive Betrachtung und souveränes Handeln. Es gilt also, durch kompetente Hilfestellung zumindest einen Teil dieser Unsicherheit auszuräumen und eine relativ objektive Sicht der Dinge zu erreichen. Eine ausführliche Anamnese lässt die Situation klarer werden und ist Voraussetzung für einen evtl. nötigen Trainingsplan.

Folgende Punkte sollten dabei berücksichtigt werden:

- Zeigt der Hund aktuell Verhaltensauffälligkeiten?
- Zeigt er sehr ausgeprägtes Beutefangverhalten?
- Wie verlief seine Individualentwicklung?
- Ist durch mangelnde Erfahrungen mit Problemen zu rechnen?
- Gibt es Probleme mit Menschen, insbesondere mit Kindern?
- Genießt der Hund Privilegien, die Problemverhalten zur Folge haben könnten?
- Existieren Privilegien oder Rituale, die nach der Geburt des Kindes problematisch oder schlicht unpraktisch sein könnten?
- Wurde bereits ein guter Grundgehorsam erarbeitet?
- Funktioniert die Kommunikation zwischen den Menschen und dem Hund?
- Sind die Eltern in der Lage, den Hund zu beobachten und sein Verhalten richtig einzuordnen?

Lebt mehr als ein Hund in der Familie, gibt es also ein zweites soziales System innerhalb des zu beurteilenden Gesamtsystems, muss auch hier eine genaue Analyse stattfinden, um mögliche Probleme früh genug wahrzunehmen. Mehrhundehaltung kann für alle Hunde der Gruppe optimal sein, kann aber ebenso kaum zu ertragenden Stress für das einzelne Individuum bedeuten. Haben wir es dabei mit Hunden zu tun, bei denen oben genannte Risikofaktoren bereits zutreffen, werden diese durch ein unausgewogenes Gruppengefüge oder die Doppelung der Negativfaktotren potenziert. Kommt es zu Konkurrenzsituationen, bei denen jeder Hund Mutter und Kind für sich beansprucht, kann das zu unerfreulichen und unkalkulierbaren Zwischenfällen führen. Sollten beide Hunde das Kind gemeinsam attackieren, sind ernsthafte Folgen zu erwarten. Gehören zwei Hunde mit Problemverhalten in eine solch sensible Gemeinschaft, haben wir es nicht mit einer Verdoppelung sondern eher mit einer Potenzierung der Gefahr zu tun.

Eine Schwangerschaft dauert im Allgemeinen lange genug, um den jungen Eltern das nötige Wissen zu vermitteln, ihre Beobachtungsfähigkeit zu schulen und die Erziehung des Hundes in die richtigen Bahnen zu lenken. Voraussetzung ist natürlich, dass überhaupt ein Problembewusstsein vorhanden ist und es ein ernsthaftes Bedürfnis ist, sich und den Hund so gut wie möglich auf das Zusammenleben mit dem Menschenwelpen vorzubereiten. Aus der konkreten Vorstellung des Alltags mit Baby ergeben sich die Punkte, die zu ändern oder zu verbessern sind, von allein.

Bei allen Hunden, insbesondere aber bei potenziellen Unsicherheitskandidaten, sollten rechtzeitig Regeln eingeführt werden, die das Handling erleichtern. Zimmer, die der Hund nach der Geburt des Kindes nicht oder nicht alleine betreten soll, sind so früh wie möglich für ihn tabu. Er darf sie nur noch mit ausdrücklicher Aufforderung betreten. Gegebenenfalls wäre das Anbringen von Türgittern mit hundesicherem Verschluss eine Möglichkeit, die neuen Regeln einzuführen, ohne permanent mit dem Vierbeiner diskutieren zu müssen. Ständige Kompromisse während der Schwangerschaft würden das Problem nur auf die ohnehin anstrengende erste Zeit mit dem Baby verschieben, was sicher kontraproduktiv ist.

Schläft er im Schlafzimmer, vielleicht sogar im Bett, sollte ein neuer bzw. geeigneter fester Schlafplatz etabliert werden. Der neue Platz kann durchaus weiterhin in der Nähe seiner Menschen sein, es muss nur sicherzustellen sein, dass der Hund dort bleibt, z.B. durch die Gewöhnung an eine zu schließende Box. Nächte mit Baby im Haus sind meist keine Nächte des Durchschlafens und die Idee, dass der Zwerg immer im eigenen Bett schläft, ist graue Theorie. Das nächtliche Versorgen des Kindes sollte nicht durch unkalkulierbare Aktionen des Hundes erschwert werden, und er muss nicht dort liegen können, wo man über ihn fallen könnte.

Ein zuverlässig funktionierendes „Platz“ Kommando ist in jeder Situation hilfreich. Kann man den Hund jederzeit ablegen, auch in Stresssituationen, und bleibt er zuverlässig liegen, kann die räumliche Nähe eher geduldet werden.

Hier einige Vorschläge zu konkreten Übungen:
Es gibt Hunde, die wie ein quengelndes Kleinkind agieren, wenn sich ihre Besitzer unterwegs mit jemandem unterhalten möchten. Wagt der Besitzer es auch noch, den anderen Hund, dem man gerade begegnet ist, zu streicheln, reagieren solche Spezialisten dann gerne mit Unmut. Diese Form der Ressourcenverteidigung kann man akzeptieren, wenn man nicht mehr selbst über seine sozialen Kontakte entscheiden möchte. Duldet man es, wird sich der Hund möglicherweise noch steigern in der Verteidigung *seines* Menschen. Um einfach noch einmal klar zu stellen, dass man autark ist, in seiner Wahl der Sozialkontakte und den Hund daran zu gewöhnen, dass man sich mit anderen Individuen als mit ihm beschäftigt, könnten genau hier gezielte Übungen ansetzen.

- Unterwegs werden ganz oft Menschen, die man kennt begrüßt und man hält ein Schwätzchen. Freund Hund liegt oder sitzt artig daneben und spielt sich nicht in den Vordergrund. Er wird höchstens mäßig und definitiv nicht sofort von dem fremden Menschen beachtet! Ist das Baby da, werden auch alle erst auf den Kinderwagen fliegen, hineinschauen und ganz viel fragen, danach vielleicht den Hund beachten.
- Auch der Kontakt zu Kindern wird draußen gezielt gesucht. Die werdenden Eltern nehmen Kontakt auf, beschäftigen sich vielleicht eine kurze Zeit mit ihnen, bevor auch der Hund Beachtung finden darf. ACHTUNG! Den Hund genau beobachten, insbesondere, wenn er noch nicht viel Kontakt zu Kindern hatte. Solche Übungen bitte, zumindest zunächst, zu zweit machen!

- Andere Hunde werden begrüßt, wobei auch hier wieder sitzen oder liegen bleiben des eigenen angesagt ist.
- Pferde am Weidezaun werden gestreichelt und der Vierbeiner sitzt wieder brav daneben oder ist in kurzer Entfernung abgelegt. Besser ist es, wenn man die Möglichkeit hat, ein Pferd zu putzen oder zu führen und der Hund darf auf Distanz zusehen.
- Gibt es mehr Haustiere im eigenen Haushalt, lässt es sich leicht üben, sich mit ihnen zu beschäftigen, sie zu versorgen, während der Hund abgelegt ist. Danach wird er natürlich entsprechend gelobt.
- Der Hund wird im Haus abgelegt, während irgendetwas erledigt wird. Er steht erst auf, wenn es erlaubt wird.
- Der Hund muss vor einem Zimmer liegen bleiben, sein Mensch verschwindet kurz darin, er muss warten, bis er wieder frei gegeben wird.
- Das Liegenbleiben und ebenso das zügig durchgeführte „Platz“ auf Distanz wird gezielt in unterschiedlichsten Umwelt- und Alltagssituationen geübt, zunächst ohne, dann mit sich steigernden Ablenkungen.
- Ein *Nein* wird etabliert, falls es noch nicht klappt.
- Es wird gezielt trainiert, fressbare Dinge, wie Brot, Kekse oder Hundefutter, aber auch begehrte Spielzeuge, liegen zu lassen und nur auf Kommando zu nehmen.
- Attraktive Gegenstände werden locker in der Hand gehalten und bewegt, der Hund hat sie nur auf Aufforderung zu nehmen. Es wird nichts einfach aus der Hand gerissen. Manches kleine Kind hat schon verwundert geschaut, wenn sein Eis oder Brötchen im Vorbeigehen im Maul eines Hundes verschwand.
- Spielplätze, Kindergärten und Schulen werden zu beliebten Zielen beim Spaziergang. Hier wird einfach eine Zeit verweilt, so dass der Hund viele Eindrücke bezüglich des Verhaltens von Kindern sammeln kann. Gegebenenfalls ist hier mit größerer

Distanz zu beginnen, da viele Kinder auf den unerfahrenen Hund schon sehr eindrucksvoll wirken können. Einzelne nette Begegnungen könnten diese Übungen jeweils abschließen.

- Besuch bei und von Freunden mit Kindern ist angesagt. Der Hund und die Kinder werden gut beobachtet! Kontaktaufnahme zwischen beiden erfolgt nur angeleitet durch die Erwachsenen. Vorsicht im eigenen Heimbereich: hier könnte es zu Ressourcenverteidigung kommen!
- Hunde, die immer nur mit ihrer Besitzerin spazieren gehen, sollten daran gewöhnt werden, dass auch der Partner bzw. Freunde oder Verwandte am anderen Ende der Leine ganz positiv sein können. Natürlich sollten diese Personen auch entsprechend eingewiesen werden, damit sie im Bedarfsfall tatsächlich eine Entlastung sind.

Gibt es auch nur geringe Zweifel an der freundlichen Grundstimmung des Hundes, sollte unbedingt frühzeitig mit einem Maulkorbtraining begonnen werden! Ein gut sitzender Maulkorb tut nicht weh und stört die Menschen meist mehr als den Hund. Findet eine langsame Gewöhnung statt, wird das Tragen dieses Hilfsmittels zur Selbstverständlichkeit und stellt eine realistische Chance dar, dass ein Problemhund in die neue Lebenssituation hineinwachsen kann, ohne ernsthaften Schaden anrichten zu können. Plötzlich auftretendes aggressives Verhalten dem Kind gegenüber könnte zwar immer noch zu Verletzungen führen, Bissverletzungen würden so aber zumindest verhindert. In Verbindung mit Türgitter und Box könnte so ein Sicherheitssystem erreicht werden, das man langsam wieder abbauen kann, wenn sich herausstellt, dass der Alltag mit Hund und Kind gut läuft.

Dieser Rat gilt definitiv nur für Hunde, bei denen leichte Zweifel bestehen! Hunde, bei denen ich damit rechnen muss, dass es zu Übergriffen kommt, gehören nicht in einen Haushalt mit Kindern!!!

Anschaffung eines Hundes

Der Erwerb eines Hundes während der Schwangerschaft muss keine schlechte Idee sein. Geht es der Mutter gut, ist ausreichend Zeit für die Erziehung eines Hundes vorhanden und berücksichtigt man die bereits besprochenen Punkte, so kann es durchaus funktionieren, dass ein junger Hund, der relativ früh in der Schwangerschaft angeschafft wurde, bis zur Geburt des Kindes bereits eine recht gute Erziehung genossen hat. Ein Partner, der diese Aktion möglichst engagiert unterstützt, wäre hier fast Voraussetzung, denn es kann schließlich niemand wissen, wie lange eine Schwangerschaft unproblematisch verläuft. Da es wirklich hilfreich ist, wenn das Mensch-Hund-Team bereits gut eingespielt ist, wenn das Baby kommt, wäre auch bereits vorhandene Hundeerfahrung und fachliche Unterstützung bei der Erziehung nicht verkehrt.

Ein Hund, der in seinem Handeln relativ zuverlässig zu beeinflussen ist, ist Gold wert, wenn Baby beginnt, durch kreatives Umwelterforschen unsere Reaktionsfähigkeit zu trainieren! Insofern kann die Anschaffung des Hundes vor der Geburt, wenn denn alles so funktioniert wie geplant, durchaus sinnvoll sein, da mit eigenständiger Bewegung des zweibeinigen Nachwuchses frühestens ein halbes Jahr nach der Geburt gerechnet werden muss und so ein passabler Erziehungsvorsprung beim Hund erreicht werden könnte.

Babyphase

Situation der Eltern

Der Volksmund hat sehr widersprüchliche Weisheiten bezüglich der Arbeit und Sorgen, in unterschiedlichen Entwicklungsphasen der Kinder. „Kleine Kinder, kleine Sorgen, große Kinder, große Sorgen" steht beispielsweise dem Spruch, dass man irgendwann „aus dem Schlimmsten raus ist" gegenüber. Baby- und Kleinkindphase habe ich immer als besonders schön, wenn auch zeitweise besonders anstrengend empfunden. Ich konnte es nie nachvollziehen, wenn mir jemand sagte, dass man ja nun aus dem „Schlimmsten" raus sei.

Die Lebenssituation ändert sich gründlich. Ich habe in den ersten Tagen nach der Geburt des ersten Kindes manchmal irgendwelche Dinge geplant, die wir tun könnten, um dann plötzlich festzustellen, dass das, zumindest in der Form, mit Baby nicht so einfach geht. Man wächst langsam in den Alltag mit dem neuen kleinen Menschen hinein, muss sich an Vieles erst gewöhnen, die Bedürfnisse des Kindes in das Denken einbeziehen, und alle müssen zu einem gemeinsamen Rhythmus finden. Die für lebenserfahrenere Menschen vielleicht kleinen Sorgen mit Bauchschmerzen, Schnupfen oder ersten Zähnchen des Babys bestimmen zeitweise den ganzen Tagesablauf, das Denken und Planen, und tangieren die Nerven der Eltern ebenso, wie später Probleme der großen Kinder. Je mehr man gelesen und gehört hat über all das, was passieren kann, umso mehr ist man verunsichert, versucht Gefahren zu verhindern, alles richtig zu machen. Hilfreiche Ratschläge des sozialen Umfeldes tragen nicht unbedingt zur Entspannung bei, und so sehen sich junge Eltern häufig einer Erwartungshaltung gegenüber, der sie sich kaum gewachsen fühlen.

Eine Geburt ist ein überwältigendes Ereignis, welches von der körperlichen Anstrengung und der psychischen Anspannung her kaum vergleichbar ist. Selbst wenn sie gut verläuft, die Mutter danach weder psychische noch ernste physische Probleme hat, steckt man meist eine solche Anstrengung nicht einfach weg, sondern muss sich erst erholen.

Die Versorgung des Babys nimmt viel Zeit in Anspruch, auch wenn es gewöhnlich anfangs noch lange Schlafphasen gibt. Eine erholsame Nacht ist in den ersten Monaten eher nicht zu erwarten, erfahrungsgemäß zumindest nicht für die Mutter. Die Aufgaben des Tages, und das betrifft auch die Versorgung des Hundes, werden dadurch nicht leichter.

Auch die hormonelle Situation der Mutter hat sich mit der Geburt heftig verändert. War der Progesteronwert am Ende der Schwangerschaft ca. 100 Mal so hoch wie sonst, hat dieser sich gerade wieder auf „normal" eingependelt. Prolaktin bestimmt nun auch das menschliche „Brutpflegeverhalten" und Oxytocin und Vasopressin als Hormone des sozialen Netzwerks, fördern starke Emotionen und helfen beim Aufbau einer vertrauensvollen Bindung und engen Gemeinschaft. Die Bemerkung „Jetzt lass das Kind doch mal schreien und spring nicht immer gleich!" kann nur jemand machen, der nicht erfahren oder wieder vergessen hat, welchem Zwang Eltern, zumindest aber die Mutter unterliegen, nach ihrem Kind zu sehen, wenn es signalisiert, dass etwas nicht stimmt. Da der Mensch mit diesem Verhalten die Evolution bis heute überlebt hat, scheint dieser hormonell bedingte Zwang, sich zu kümmern, ja nicht so ganz falsch zu sein. Bei weniger „zivilisierten" oder besser, der Natur näher stehenden Völkern, stehen Kinder mit ihren Bedürfnissen deutlich mehr im Mittelpunkt und haben deutlich mehr Körperkontakt als in unserem Kulturkreis.

Auch die Partnerschaft hat sich verändert. Gemeinsame Zeit muss geteilt werden, manches, was bisher gemeinsam erledigt wurde, muss nun arbeitsteilig geregelt werden. Im besten Falle übernimmt der Vater selbstverständlich und gern den neuen Job, nicht selten aber

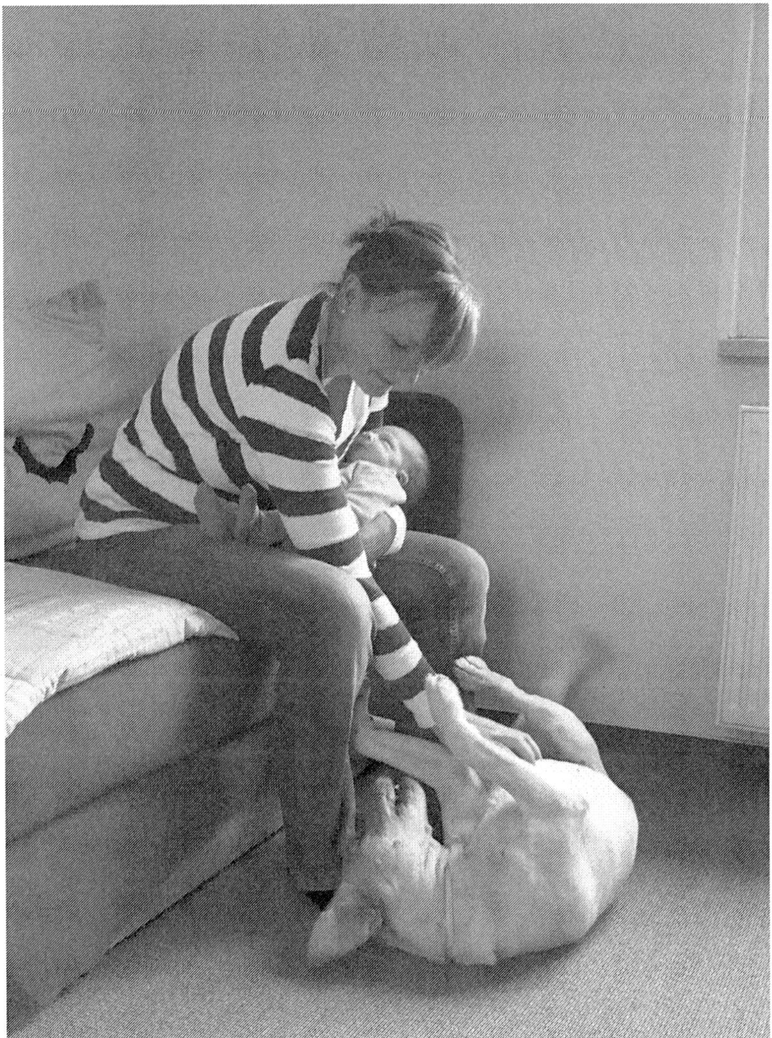

Lilly genießt die gemeinsamen Stunden mit Maria und dem kleinen Paul, der sicher in Mamas Arm liegt.

fühlt er sich vernachlässigt oder ist sogar eifersüchtig auf das Baby. Besonders spannend wird es, wenn diese Eifersucht auch dem bereits vorhandenen Hund gegenüber besteht. Das Zusammenspiel von Testosteron und Vasopressin (Partnerschutzhormon) muss sich bei unseren männlichen Mitgeschöpfen nicht unbedingt positiv auf das Verhalten auswirken.

Sind bereits Geschwisterkinder da, benötigen auch sie die Aufmerksamkeit der Mutter bzw. der Eltern. Allein das kann einen ziemlichen Spagat erfordern, denn das neue Geschwisterchen ist zwar im Prinzip prima und spannend, nimmt aber die Mama sehr in Anspruch. Und wer mag sich schon gerne weniger beachtet fühlen?!

Es sind viele Erwartungen, die insbesondere auf die junge Mutter einstürmen. Jeder, der ihr in dieser Lebensphase in Sachen Hund beistehen möchte, sollte das berücksichtigen und nicht zusätzlich fordern und erwarten.

Entwicklung des Kindes im ersten Lebensjahr

Den ersten großen Meilenstein im Leben des kleinen Menschen hat er mit der Geburt bereits hinter sich gelassen. Seine Entwicklung muss sich aber weiterhin rasant fortsetzen, damit der kleine Nesthocker eine passable Eigenständigkeit gewinnt. Reifung und Lernen, Anlage und Umwelt werden sich hier ergänzen.

Seine Umwelt kann das Baby bereits mit allen Sinnen wahrnehmen. Sein Gehirn startet mit ca. 100 Milliarden Neuronen, das sind ebensoviele, wie beim Erwachsenen, jedoch mit noch geringer Vernetzung. Die Zahl der Synapsen nimmt in den ersten drei Lebensjahren rasant zu, bis zu 10 000 pro Gehirnzelle. Das dreijährige Kind hat etwa doppelt soviele Synapsen wie ein Erwachsener. Erst im Jugendalter werden nicht benötigte Vernetzungen wieder abgebaut. Damit die erforderliche Vernetzung im Gehirn und somit eine angemessene Entwicklung möglich ist, benötigt das Kind eine Umwelt, die ihm nicht nur die nötige Ruhe und Geborgenheit, sondern auch die nötigen vielfältigen Reize bietet. Das Kind ist selbst bestrebt zu lernen, sich selbst und seine Umwelt zu erforschen. Es muss sie mit allen Sinnen erleben, es muss sie fühlen, hören, sehen, riechen und schmecken. Je mehr Sinne an einer Erfahrung beteiligt sind, umso intensiver und verzweigter ist die Verknüpfung im Gehirn.

In den ersten Lebenswochen liegt sein Fokus auf dem, was sich in geringer Entfernung befindet. Das sind meist Mutter, Vater und andere Familienmitglieder. Scharf sieht es auf eine Entfernung von ca. 20 bis 30 cm. So werden zunächst die wichtigen Sozialpartner vertraut. Sanfte und gedämpfte Geräusche, wie es sie ja letztlich aus dem Mutterleib kennt, empfindet es als angenehm, plötzliche laute Geräusche, also auch ein heftiges Hundegebell, können es erschrecken. Taktiles Empfinden, Geruchs- und Geschmackssinn sind wichtige Elemente seiner Wahrnehmung.

Mit drei bis vier Monaten sind das Interesse an der Umwelt und die Fähigkeit, sich ihr aktiv zuzuwenden, deutlich gestiegen. Ein zunächst reflexmäßiges Greifen wird immer gezielter und bewusster, bleibt aber noch lange sehr energiegeladen und eher tollpatschig. Die Fähigkeit, etwas gezielt loszulassen, entwickelt sich erst in den nächsten Monaten. Bis das Kind etwas schnell auf Aufforderung loslassen kann, dauert es noch bis ins Kleinkindalter hinein. Das Netzwerk im Gehirn ist eben noch im Aufbau begriffen und die neuralen Wege der Reaktionsmöglichkeiten brauchen in allen Bereichen Zeit und viele Wiederholungen, um eine brauchbare Geschwindigkeit zu entwickeln. Die neurale Geschwindigkeit nimmt bis zum Erwachsenenalter um das 16-fache zu.

Das sechs Monate alte Baby kann dreidimensional sehen und seine Umgebung nun genauer beobachten. Es wird in den nächsten Wochen beginnen, sich durch Robben und Krabbeln fortzubewegen und sich gezielt auf etwas zuzubewegen. Das Baby beginnt im zweiten Lebenshalbjahr sich an Gegenständen hoch zu ziehen und seine ersten Schritte zu machen. Alles, was passend steht oder liegt wird als Hilfsmittel benutzt, auch der Hund.

Das Kind lernt, Zusammenhänge zu erfassen und muss immer wieder erproben, welche Wirkung bestimmte Bewegungen haben. Es übt, Dinge gezielt fallen zu lassen und beobachtet den Fall, es probiert, sie aneinander zu schlagen, nimmt sie von einer Hand in die andere, betrachtet sie und steckt sie in den Mund. Es muss seine Welt im wahrsten Sinne des Wortes begreifen lernen. Zu dieser Welt gehört auch der Hund, den es, wenn wir Erwachsenen es nicht verhindern, in allen Details untersuchen und ausprobieren wird.

Auch wenn das Kind im zweiten Halbjahr beginnt, Stimmungen anderer Menschen bewusst wahrzunehmen und darauf zu reagieren, ist es definitiv nicht in der Lage, die Stimmung des Hundes bei seinen Forschungsarbeiten zu deuten und zu berücksichtigen! Es kann am Ende des ersten Lebensjahres einfache Aufforderungen befolgen, evtl. kurzfristig auf ein „Nein“ reagieren, ist aber noch nicht in der Lage, Verbote als solche anzusehen und dauerhaft abzuspeichern. Die Wahrnehmung der eigenen Person und der Zwang, die Welt zu erforschen bestimmen noch sein Handeln.

Bedeutung der Anwesenheit eines Hundes in dieser Lebensphase

Das Kind macht im ersten Lebensjahr eine rasante Entwicklung durch. Aus dem kleinen hilflosen Wesen, welches geboren wird, ist nach einem Jahr ein aktives und gezielt agierendes Energiebündel geworden. Es hat bereits ein recht großes Sprachverständnis gewonnen, kann Gefühlsäußerungen anderer Menschen wahrnehmen und seine eigenen Bedürfnisse mit Nachdruck zum Ausdruck bringen.

Bei der Versorgung des Babys darf Lilly meist dabei sein. Das Kinderzimmer darf sie aber nur nach Aufforderung betreten.

Es hat seine Umgebung zunehmend intensiv beobachtet, einige Zusammenhänge verstanden und Vieles mit viel Energie und Ausdauer ausprobiert.

Viele Eindrücke und Sinnesreize sind erforderlich, damit das Gehirn eines Kindes sich optimal entwickeln kann. Ein Hund bietet dem Kind viele Möglichkeiten, ihn und sein Verhalten mit seinen Sinnen zu erfassen. Mit zunehmender Sehfähigkeit beginnt das Baby, auch den Vierbeiner zu beobachten. Es nimmt andere Bewegungsabläufe und andere Kommunikationsmuster wahr, als sie die Menschen in seiner Umgebung zeigen, und wird sie so ganz nebenbei abspeichern. Kommunikation spielt im ersten Lebensjahr bereits eine sehr große Rolle. Aus der zunächst rein analogen Kommunikation zwischen Baby und Eltern wird zunehmend bewusstes Kommunizieren. Das Verständnis für Sprache wird in dieser Zeit elementar geprägt. Meine Kinder haben in diesem Alter immer die Laute der Hunde nachgeahmt. Als mein Sohn 6 Monate alt war, richtete er sich an einem Tisch auf, auf dem ein recht naturgetreuer Stoffbär stand. Er zeigte aufgeregt darauf und – bellte. Da Kinder ja durchaus mehrsprachig aufwachsen können, haben aber auch meine Kinder noch die Kommunikation mit dem Menschen erlernt.

Die Beobachtungsmöglichkeit des Babys ist schlicht vielfältiger durch die Anwesenheit von Tieren, ebenso dadurch auch die Möglichkeit der Synapsenbildung. Sein Beobachten bezieht sich natürlich auch auf den Umgang der anderen Menschen mit dem Hund. Es lernt nicht zuletzt durch Nachahmung. Es ist also auch deshalb besonders wichtig, dass Eltern sich intensiv mit dem Verhalten ihres Hundes auseinandersetzen und sich selbst korrekt im Umgang mit ihm verhalten.

Das Baby hört die unterschiedlichen Geräusche, die der Hund von sich gibt und lernt, sie verschiedenen Situationen zuzuordnen. Es erlebt, wie sich das Fell anfühlt, die Nase, die Zunge, wenn der Hund ihm die Hand leckt. Es riecht den Hund, vielleicht sogar unterschiedliche Tiere, und wird es meist auch in einem Augenblick der Unaufmerksamkeit der Erwachsenen schaffen, sein Fell, die Pfote oder die Rute in den Mund zu stecken. Es kann den Hund also mit allen Sinnen erleben und wird bei aufmerksamer und bewusster Betreuung durch die Erwachsenen sicher davon profitieren.

Der Hund und das Baby

Vergleiche im Verhalten von Hunden untereinander und zwischen Hunden und Menschen hinken zwangsläufig, da es sich, verhaltensbiologisch gesehen, natürlich um Gemeinschaften unterschiedlicher Qualität handelt. Trotzdem lassen sich ähnliche Verhaltenselemente beobachten. Vergleicht man das Verhalten eines gut sozialisierten Hundes gegenüber Welpen und Junghunden mit dem gegenüber Kindern unterschiedlichen Alters, so lassen sich hier durchaus Übereinstimmungen feststellen. Unter Berücksichtigung des gesamten Verhaltensrepertoires und der kommunikativen Möglichkeiten eines Hundes und eines Kindes halte ich den Vergleich für durchaus legitim.

Weder bei Wölfen noch bei verwilderten Haushunden noch bei Hunden, die in der Obhut des Menschen ihren Nachwuchs groß ziehen ist es üblich, die zur eigenen Gruppe gehörenden Welpen zu töten. Es wäre biologisch nicht sinnvolles Verhalten und würde die Reproduktion noch kostenintensiver machen, als sie ohnehin schon ist. Somit ist die Wahrscheinlichkeit, dass ein Hund das Baby „seiner Familie“ töten will, gering, zumal zu vermuten ist, dass er hormonell bedingt eher in Aufzuchtstimmung ist. Trotzdem kommt Infantizid bei Hundeartigen unter unterschiedlichen Lebensbedingungen vor, häufig mit dem Hintergrund der Konkurrenz. Es ist also grundsätzlich Vorsicht und ständige Aufmerksamkeit geboten, insbesondere bei Hunden, die bereits Verhaltensauffälligkeiten gezeigt haben! Es gibt Hunde, die Welpen des eigenen Rudels töten und es gibt Hunde, die Kinder ihrer Familie ernsthaft verletzen oder sogar töten, ohne dass es vorher zu provozierendem Verhalten des Kindes kam. Häufige festgestellte Ursachen solchen Verhaltens wurden bereits im Kapitel „Der Familienhund" angesprochen. Dass die Zahl der Kinder, die im Straßenverkehr sterben oder gar von Menschen getötet werden, um ein Vielfaches höher ist als die, der von Hunden getöteten, zeigt, dass ein Hund nicht die größte Gefahr für unsere Kinder darstellt und dass es im Umgang mit Lebewesen immer ein Restrisiko gibt. Trotzdem ist jedes Kind, das durch einen Hund zu Schaden kommt, definitiv eines zu viel! Zeigt ein Hund grundsätzlich gegenüber Mensch und Hund ein korrektes Sozialverhalten, hat er seinen Platz in seiner sozialen Gemeinschaft gefunden und verfügt er über eine alltagstaugliche Erziehung, so ist eher nicht mit ernsthaften Problemen in Bezug auf das Baby zu rechnen. Sinnvoll ist es, von Anfang an die Weichen auf ein geregeltes Miteinander zu stellen. Wenn für den Hund das gewohnte soziale System plötzlich zusammen bricht, weil man ihn ausgrenzt, versetzt man ihn damit in einen Zustand existenzieller Unsicherheit. Probleme sind damit vorprogrammiert.

Ein guter Start

Wie auch immer wir Denkvorgänge eines Hundes theoretisch beschreiben wollen, selbstverständlich weiß er, dass sein Mensch Nachwuchs bekommt. Kommt seine Besitzerin also nach einem Krankenhausaufenthalt mit einem Baby zurück, ist das nicht wirklich überraschend für ihn. Erlebt er die Geburt im Haus, ist die Sache natürlich noch klarer. Vielleicht hat er nie ein kleines Baby gesehen, muss sich erst an den Geruch, an die Geräusche und, wie wir Menschen auch, an die ganz neue Situation gewöhnen. Zuordnen kann ein gut sozialisierter und in die Familie gut eingebundener Hund den Zwerg sicher. Wenn man bedenkt, dass beispielsweise ein Hund beim Mantrailing auffallend leicht durch den Geruch eines engen Verwandten der zu suchenden Person verleitet wird, würde ich davon ausgehen, dass allein aufgrund des Geruches ein sozial relevanter Zusammenhang hergestellt werden kann.

Wird das Baby im Krankenhaus geboren, so könnte bereits getragene Wäsche mit nach Hause genommen und dem Hund die Möglichkeit zur Geruchsaufnahme gegeben werden. Die Wäsche riecht nicht nur nach dem Kind sondern sicher auch nach den Eltern, was vielleicht einer positiven Verknüpfung förderlich sein könnte.

Kommen Mutter und Kind nach Hause, wäre mein Vorschlag, dass der Hund beide am Auto, oder zumindest draußen abholen geht. Kann Freund Hund erst seine Besitzerin begrüßen, während das Baby noch in der Trageschale oder im Kinderwagen liegt, ist der erste Begrüßungsstress bereits abgebaut, bevor das neue Familienmitglied wahrgenommen wird. Möglichst selbstverständlich und mit wenig Aufregung gehen dann alle gemeinsam ins Haus. Stimmungsübertragung spielt in dieser Situation sicher eine wichtige Rolle. Sind die Eltern entspannt und schlicht glücklich, dass jetzt alle zusammen sind, und darf der Hund, im Zweifel durch die Leine, gegebenenfalls auch durch einen Maulkorb gesichert, in Ruhe den neuen Erdenbürger beschnuppern, dann werden die Weichen für das zukünftige Zusammenleben sicherlich anders gestellt, als wenn Stress und Angst vorherrschen und der Vierbeiner ausgegrenzt wird. Gebe ich ihm nicht die Möglichkeit, das Baby kennenzulernen, lasse ich dosierte und kontrollierte Nähe nicht zu, verhindere ich, dass ein Gefühl der Zusammengehörigkeit entstehen kann.

Hat ein Hund bereits Kontakt mit Babys gehabt, möglichst schon in den sensiblen Phasen der Entwicklung, wird er normalerweise freundlich interessiert sein. Kennt er keine Babys, könnte er unsicher reagieren und sollte zumindest bei den ersten Kontakten entsprechend gesichert sein.

Meine Hündinnen waren sehr interessiert an neuen Babys und beschnupperten sie intensiv, wobei das Baby zunächst immer in meinem Arm lag. Wer bezüglich der Reaktion des Hundes unsicher ist, sollte in der ersten Zeit grundsätzlich ebenso verfahren um das Kind auch leichter schützen zu können, falls der Hund zu aufdringlich wird, oder doch unerwünschte Verhaltensweisen zeigt. Eine zweite Person, die den Hund hält und sich nur auf ihn konzentrieren kann, ist bei den ersten Begegnungen dringend zu empfehlen.

Auch bei Hunden ist es üblich, dass die Mutterhündin in den ersten Tagen nach der Geburt einen intensiven Kontakt der anderen Rudelmitglieder zum Nachwuchs nicht zulässt. Selbst bei auf engem Raum zusammenlebenden Haushunden, hat der Rest der Truppe anfangs einen gewissen Abstand zur Wurfkiste zu halten, der sich meist bis zum Ende der dritten Woche stetig verringert. Gelegentlich wird auch vorher Hilfe bei der Pflege oder beim Säugen geduldet. Erst bei entsprechendem Entwicklungsstand der Welpen, werden Spiel und Erziehung durch die anderen zugelassen.

! *Keinesfalls sollte ein Säugling irgendwo hingelegt werden, wo er für den Hund unkontrolliert erreichbar ist!*

Auch ein Hund, der in allen Umweltsituationen sicher und gelassen zu sein scheint, der freundliches Verhalten allen Menschen, natürlich auch dem Kind gegenüber zeigt und grundsätzlich sozial kompetent ist, sollte nicht leichtfertig mit einem kleinen Kind, insbesondere nicht mit dem noch nicht so vertrauten Säugling, alleine sein. Niemand kann vorhersehen, was in seiner kurzen Abwesenheit passieren wird und wie Hund und Kind auf die Ereignisse und aufeinander reagieren werden. Ein Hund, der ein Kind verletzt, tut dies nicht unbedingt in der Absicht, zu verletzen! Es muss weder Aggression noch ein, eventuell durch das Kind erfülltes, Beuteschema hinter solchen Unfällen stecken.

Es sind viele Situationen vorstellbar, die harmlos beginnen und einen dramatischen Ausgang haben können. Stellen wir uns vor, das Baby schreit und der neugierige oder hormonell bedingt „pflichtbewusste" Hund springt an Wiege oder Kinderwagen hoch, um nur einmal nachzuschauen, was da los ist. Der Kinderwagen fällt um, der Hund hat ein Bein darin eingeklemmt, Baby rollt heraus und schreit aus Leibeskräften. Sicher wird der Hund versuchen, sich aus der schmerzenden Position zu befreien. Allein diese Aktion kann durch die heftigen Bewegungen des Tieres schon zu Verletzungen des Säuglings führen.

Auch der Versuch, ein weinendes Baby, das auf dem Boden oder auf dem Sofa liegt, weg zu tragen, um es vielleicht in Sicherheit zu bringen, ist der körperlichen Unversehrtheit des Kindes sicher nicht zuträglich. Obwohl bis hierher noch gar keine Beschädigungsabsicht des Hundes vorliegt, wird das Bild, das sich in dem Moment dem zu Hilfe eilenden Erwachsenen bietet, dramatisch erscheinen: der Hund hat offensichtlich das Kind gepackt und zieht es mit sich. Eventuell betätigen bereits kleine Verletzungen des Säuglings ganz offensichtlich die böse Absicht und die Gefährlichkeit des Vierbeiners.

Natürlich kann diese Geschichte auch ganz anders ausgehen: Der Hund ist vielleicht ohnehin etwas ängstlich und unsicher, erschreckt sich beim Umfallen des Kinderwagens, gerät nicht zuletzt durch Schmerz in Panik, verknüpft das Ganze mit dem schreienden Kind und verteidigt sich …

Damit ein Hund Sicherheit und soziale Kompetenz in Bezug auf die neue Lebenssituation entwickeln kann, braucht es Zeit. Er muss sich wie die Menschen an die Veränderungen und den neuen Sozialpartner gewöhnen und im Umgang damit klar angeleitet werden. In den ersten Tagen wurde bei uns gelegentlich das Schreien des neuen Mitbewohners vom Hund als ungewohntes Geräusch angezeigt. Hatte die Hündin sich daran gewöhnt, signalisierte sie bei jedem Schreien eher, dass „wir" jetzt mal nachsehen müssen. Natürlich durften meine Hunde beim Stillen und Wickeln dabei sein. Sie durften in das Zimmer der Kinder, durften neben ihnen auf dem Boden liegen, als sie etwas älter waren. Sie gingen mit uns spazieren, lagen später beim Füttern daneben und freuten sich über alles, was vielleicht nicht den Mund des Babys erreichte oder auch wieder ausgespuckt wurde.

Unsere Hunde gehören zur Familie, in allen Lebenssituationen. Sie erleben Nähe und Grenzen, werden aber nicht ausgegrenzt. In Zeiten, in denen weniger Zeit für sie da ist, sie weniger bewegt oder beschäftigt werden, sind sie schlicht mit der Nähe zufrieden. Mit der Geburt eines Kindes beginnt sicher eine Zeit, in der eben weniger Zeit für den Hund da ist. Damit ist aber nur die Zeit für gezielte Beschäftigung mit ihm gemeint. Darf er schlicht am normalen Leben teilhaben, hat er die Zeit mit uns!

Ein nicht zu vernachlässigender Aspekt, der durch Aufzuchtstimmung hervorgerufen oder verstärkt werden kann, ist eine erhöhte Wachsamkeit und Schutzbereitschaft des Hundes. Ungeachtet verwandtschaftlicher Verhältnisse könnte er Besucher daran hindern wollen, in die Nähe des Babys zu gehen oder gar das Haus zu betreten. Dabei kann es auch bei sonst freundlichen Hunden zu Gesten kommen, die von Oma und Tante als durchaus unfreundlich empfunden werden. Vorsicht! Der Hund meint es ernst! Die Eltern sollten bei solchen sich abzeichnenden Tendenzen ganz klar machen, wer darüber bestimmt, wer das Haus betritt und wer mit wem Kontakt haben darf. Ist bereits in diesem Stadium unklar, wer was zu sagen hat, werden sich die Übergriffe des Hundes systematisch in den Alltag mit Kind einschleichen.

Dieses schützende Verhalten dem Kind gegenüber zeigt Freund Hund möglicherweise auch auf Spaziergängen. Hier kann sich seine Abwehr sowohl gegen Menschen, die dem Kinderwagen zu nahe kommen, richten, als auch gegen Hunde. Es wurde mir kürzlich von einem Fall berichtet, wo die Hündin zunächst sehr ernst und fast bewegungslos warnte, dann sofort den anderen Hund packte und tötete.

Baby wird aktiv

Die Phase, in der das Baby dort liegen bleibt, wo man es hinlegt, lässt sich relativ leicht gestalten. Man sortiert Hund und Kind so, dass sie nicht unbeaufsichtigt zusammen sind. Schwieriger wird es, wenn der kleine Mensch beginnt, sich fortzubewegen und zunehmend zielsicher die Welt zu erkunden. Relativ schnell entwickeln Babys dabei eine Geschwindigkeit, die, je nach Ziel ihres Vorhabens, blitzschnelle Reaktion erfordert. Zudem stehen sie ja unter dem „Zwang", lernen zu wollen und verfolgen dabei ihre Ziele mit äußerster Konsequenz! Haben sie beschlossen, zum Hund zu krabbeln, so werden sie es tun, auch wenn wir sie das zehnte Mal in eine andere Richtung gebracht oder kurzfristig abgelenkt haben. Verbote kann das Krabbelkind noch nicht berücksichtigen und so bleibt nur, die Annäherung permanent zu verhindern, oder dem Hund gemeinsam zu begegnen.

Da das Kind auf vielfältige Weise lernt, kann oder muss man mit einfachen Worten immer wieder erklären, wie man sich dem Hund nähert und was man tun darf. Korrektes Handeln muss man aber auch schlicht üben, indem man es vormacht oder das Händchen führt. Kinästhetisches Lernen (motorisches Lernen durch geführte Bewegungen) hat in dieser Lebensphase durchaus eine große Bedeutung. Ebenso beginnt das Lernen durch Imitation.

Ein elementarer Punkt in diesen Momenten der Begegnung ist es, das Befinden des Hundes immer im Blick zu haben, um sofort reagieren zu können, wenn er sich unwohl fühlt und signalisiert, dass Distanzvergrößerung nötig ist. Das Erkennen der körpersprachlichen Signale des Hundes ist meines Erachtens die wichtigste Lektion, die Eltern, Therapeuten oder Pädagogen, die mit Kind und Hund arbeiten, lernen müssen!

Ein gut sozialisierter, sicherer und in sein soziales System eingebundener Hund, wird der Annäherung des kleinen Kindes gelassen oder sogar freudig begegnen. Er wird, wie bei einem Welpen, der ebenso explorativ seine Umwelt erforscht, vieles dulden, schlicht weggehen, wenn es genug ist, irgendwann aber auch Grenzen setzen. Ein Krabbelkind mit seinen mangelnden feinmotorischen Fähigkeiten und noch wenig ausgeprägter Empathie, kann dem Hund weh tun, wenn es versucht, Augen und Ohren zu untersuchen, probiert ob man in die Pfote beißen kann, einfach begeistert am langen Fell zieht oder ausprobiert, wie es klingt, wenn man ihm das Spielzeug auf den Kopf schlägt. Es kann ihn in räumlich ausweglose, enge Situationen bringen, wenn es ihn unter den Tisch, in eine Zimmerecke oder sogar in seine Box verfolgt. Es tut dies ohne negative Absicht, denn es ist zu „bösem" Handeln noch lange nicht fähig! Diese Tatsache nützt dem Hund ebenso wenig, wie er es verstehen kann, und so gibt es für ihn die Alternative zwischen Flucht und Korrektur. Sein Repertoire an Drohgesten kann das Kind nicht einordnen und natürlich nicht darauf reagieren. Die erste wirksame Korrektur durch den Hund wird dann im Zweifel ein Schnauzgriff sein. Mangels Fell entstehen so Blutergüsse oder gar Löcher im Gesicht des Kindes. Die Tatsache, dass der kleine Mensch bei gezieltem Beschädigungsbeißen anders aussehen würde und dass die Handlung des bedrängten Vierbeiners sozial korrekt war, wird meist das soziale Umfeld des Kindes nicht akzeptieren wollen. Die Zähne im Gesicht des Kindes sind dann oft das einzige, was zählt. Dass der verantwortliche Erwachsene dies im Allgemeinen hätte verhindern können oder müssen, ist für die Abschaffung oder Euthanasie des Hundes dann eher von geringer Bedeutung. Bei Verletzungen dieser Art gilt es, genau hinzuschauen, was passiert ist, wenn denn jemand in der Lage ist, das zu schildern!

Im vergangenen Frühjahr haben drei Flaschenlämmer eine Zeit bei uns im Haus verbracht. Unsere Hündinnen akzeptierten die kleinen Schafe und es war ein selbstverständliches Miteinander. Eines

Trotz aller Sozialisierung: das Schaf wird niemals bellen!

der Lämmer agierte, während die Hunde auf Futter hofften, recht distanzlos gegenüber der älteren Hündin. Mit einem kurzen, scheinbar undramatischen Schnauzgriff wurde es korrigiert. Das Problem war nur, dass der Kiefer des Lammes nur die Breite eines kleinen Fingers hatte und somit äußerst feingliedrig war. Die Folge der unspektakulären Korrektur war dadurch dummerweise ein spektakulärer Kieferbruch. Der Bruch heilte zum Glück in wenigen Tagen, das Schaf hat keine Hundephobie und ist mittlerweile im pädagogischen Einsatz. Das Beispiel zeigt aber anschaulich, dass ein Hund eben nur reagieren kann, wie ein Hund, und dass auch korrektes Agieren oder Reagieren seinerseits für ein artfremdes Lebewesen gefährlich sein kann.

Es gibt Hunde, die grundsätzlich wenig Interesse am Baby zeigen, die in allen normalen Familiensituationen schlicht dabei sind, gelegentlich nach dem Rechten schauen, aber wenig Kontakt zum Kind aufnehmen, eher distanziert bleiben. Solche Hunde haben nicht selten ein Problem, wenn das Baby beginnt, mit ihnen Kontakt aufzunehmen. Das Baby auf dem Schoß der Mutter, das spontan zugreift und festhält, das Krabbelkind, das begeistert die Ohren des Hundes untersuchen möchte und quietschend darauf zustürmt oder sich einfach in den Korb zum Hund kuscheln möchte, können ihn schnell an die Grenze seiner Toleranzbereitschaft bringen. Egal ob es dann um die Verteidigung von Korb, Kauknochen oder schlicht um Individualdistanz geht, der Hund wird klare Grenzen setzen – auf seine Art.

Auch der Hund, der eher unsicher ist, wird sich durch die spontane Kontaktaufnahme des Kindes vielleicht sehr bedrängt und bedroht fühlen. Im Gegensatz zum sicheren Hund wird es bei ihm aber vielleicht gar nicht mehr die Möglichkeit geben, auf warnende Signale zu reagieren, da er in seiner Panik gegebenenfalls sofort heftig abwehrt.

Bei Hunden, die eher unsicher sind oder Nähe nicht gerne zulassen, kann in dieser Entwicklungsphase des Kindes eigentlich nur mit zusätzlichen Absicherungen durch Maulkorb oder trennendem Türgitter gearbeitet werden. Die Gefahr, dass das Baby doch einmal schneller ist, als der Rest der Anwesenden, ist zu groß. Wichtig dabei ist, dass der Hund nicht ausgegrenzt wird, sondern dass eine sichere Möglichkeit geschaffen wird, wie er dabei sein kann. Grundsätzlich muss es für jeden Hund eine effektive Rückzugsmöglichkeit geben, in der er zur Ruhe kommen und vom Kind nicht bedrängt werden kann!

Die Idee, dass Kind und Hund niemals alleine, sprich unbeaufsichtigt, sein dürfen, ist in der Theorie richtig, im Alltag aber sehr schwer zu realisieren. Natürlich kann man das Baby mit an die Tür nehmen, wenn es klingelt, den Hund mal kurz in den Garten oder das Nebenzimmer sperren, um die Reste der untersuchten Blumenvase zu beseitigen oder beide im Prinzip immer im gleichen Raum haben, in dem man arbeitet. Die Realität sieht aber so aus, dass man sich ganz oft in Haus oder Wohnung zwischen den Räumen oder

Etagen bewegt, dass man mal eben etwas weg trägt und beide Hände voll hat, dass man mal schnell an den Herd muss, weil die Kartoffeln überkochen, mal eben die Tür öffnet, weil man jemanden erwartet, und dann doch der Paketbote dort steht und man noch die Sendung annehmen muss …

Es ist unrealistisch zu glauben, dass im Zusammenleben mit einem Hund und Kindern alle immer im Blick und immer unter Kontrolle sein könnten. Eine *grundsätzliche* weitgehende räumliche Trennung, etwa durch Absperrgitter oder den ständigen Einsatz von Zimmerkennel und Laufstall, wäre die scheinbar sichere Variante(solange das Kind nicht die Finger durchsteckt), kann aber letztlich der Entwicklung beider und der Entwicklung einer sozialen Gemeinschaft nicht gerecht werden und wird auch nur lückenhaft durchzuhalten sein. Der zusätzliche Stress, der dadurch entsteht, lässt das Zusammenleben mit dem Hund eher zur Last als zur Freude werden. Es stellt sich hier für mich eher die Frage, ob ein Hund, der trotz kompetenter Aufmerksamkeit der Betreuungspersonen eine Gefahr für das Kind bleibt, nicht eine Chance für ein entspanntes Leben in einer Gemeinschaft ohne Kinder bekommen sollte.

Kinder und Hunde können auch im ersten Lebensjahr eines Kindes voneinander profitieren und eine Gemeinschaft bilden. Hunde können es durchaus schätzen, wenn ein kleines Kind bei ihnen im Korb liegt, Kontaktliegen ist ein wichtiges soziales Verhaltenselement. Sie können, auch wenn sie sonst höchst temperamentvoll sind, vorsichtig und ruhig mit dem kleinen Menschen umgehen, sich nur vorsichtig bewegen, wenn er an ihrem Fell Halt sucht, um die ersten Schritte zu machen, ihm ihr Spielzeug bringen und ihm sogar ihr Futter überlassen. All das sind aber Dinge, die man definitiv nicht von jedem Hund erwarten kann! Allein konsequente Beobachtung und entsprechendes Wissen um soziale Kommunikation können zu einer richtigen Einschätzung der Lage führen.

Neuanschaffung eines Hundes

Als meine älteste Tochter Maria 5 Monate alt war, bekam ich meine erste eigene Labrador Hündin. Da ich seit über 10 Jahren intensiv mit Hunden und anderen Tieren gearbeitet, Kinder im Umgang mit ihnen angeleitet und zudem einige Würfe mit aufgezogen hatte, war ich nicht so ganz unerfahren. Ich ging davon aus, dass ein kleiner Labrador Retriever hervorragend in den Alltag mit dem Baby hineinpassen würde.

Obwohl mir die Rasse durch die Ausbildung der Labi Hündin meines Reitlehrers bis zur Begleithundeprüfung und intensive Recherchen recht gut bekannt war, hatte ich mich noch einmal über diverse Rassen informiert, um sicher zu sein, dass ich wirklich einen Labi haben möchte. Auch der Tierheimhund stand auf der Prüfliste. Da ich während meiner Tätigkeit im Internat jedoch mehrere Beißvorfälle gegenüber Kindern und Jugendlichen erlebt hatte, und es in meinem Umfeld Hunde aus dem Tierschutz mit Verhaltensauffälligkeiten gab, entschied ich mich dagegen.

Es gab Anfang der achtziger Jahre nur sehr wenige Labrador Retriever in Deutschland. Ich fand eine Züchterin, die ihre Welpen optimal aufzog. Sie hatte selbst ein Baby und ein Kleinkind und war bemüht, die kleinen Hunde gut auf das Leben vorzubereiten. Die Mutterhündin gefiel mir ausgesprochen gut und schnell war klar, dass eine kleine schwarze Hündin mein lang ersehnter, erster eigener Labrador werden sollte.

Wir besuchten den Wurf mehrfach und ich suchte mir einen kleinen Rabauken aus. Ein Baby und ein Hund würden mich ja wohl kaum überfordern, schließlich hatte ich Gruppen mit 30 Hortkindern und im Internat mit 30 Jungs zwischen 10 und 14 Jahren geleitet. Dass die kleine Tochter nervenintensiver sein konnte, als eine Gruppe vorpubertärer Jungs, hatte ich zwar schon begriffen, aber wo sollte beim Hund das Problem sein?

Natürlich war der kleine Hund nicht das Problem, aber die geballte Energie, die von Hund und Kind ausging, ließen mich gelegentlich verzweifeln. Maria war ein sehr lebhaftes Baby, das immer recht genau wusste, was es wollte, viel Nähe brauchte und, wie alle meine Kinder, viel getragen wurde. Zum Schlafen war für sie von Anfang an die Nacht da, was nachts prima, tagsüber aber sehr anstrengend war. Auch mein kleiner Labrador „Winnie" war keine Schlafmütze, das hatte ich ja bewusst so gewählt. Es war Herbst, der Welpe musste natürlich oft raus und immer Garten war für mich keine Option. Ich wollte ja alles ganz besonders gut machen. Wenn also der Welpe raus musste, brauchte es ewig, bis das Baby angezogen, in den Kinderwagen verfrachtet und alles über diverse Stufen, wir wohnten am Hang, auf der Straße und startklar war. Und der Welpe musste oft raus!

Winnie hatte ja schon bei der Züchterin Erfahrungen mit kleinen Kindern gesammelt, Maria und sie kannten sich von unseren Besuchen dort und so gab es keine Gewöhnungsprobleme. Es war für alle ein selbstverständliches Miteinander. Lag Maria in der Wippe oder auf einer Decke, lag Winnie daneben.

Die Tochter begann frühzeitig zu krabbeln und konnte nun ihren Forscherdrang deutlich besser ausleben. Baby und Welpe zogen also gemeinsam durch die Wohnung und entwickelten dabei enorme Kreativität und Phantasie. Ihre Testserien bezüglich Standfestigkeit aller möglichen Gegenstände und deren Materialbeständigkeit, waren kaum intensiver zu gestalten, und die Geschwindigkeit, die sie dabei entwickelten, war verblüffend. Bereits in den ersten drei Wochen hatte ich fünf Kilo abgenommen, was weder geplant noch erforderlich war.

Da ich immer Angst hatte, dass meinem Kind etwas passieren könnte, hatte ich grundsätzlich das Bedürfnis, sie nicht aus den Augen zu lassen, und Kind und Hund schon gar nicht. Der Alltag mit den beiden Terroristen ließ mich bald erkennen, dass eine deckende Beaufsichtigung unmöglich ist.

Allein dies ist für mich ein wichtiger Grund, einen Hund so auszuwählen, dass das Risiko im Umgang mit ihm so gering wie möglich ist. Ein Hund, der nicht sicher im Umgang ist, ist in eine Familiensituation kaum zu integrieren. Selbst wenn alles bestens läuft, ist eine Phase mit Baby und neuem Hund Stress pur. Eine Ausnahme mag da vielleicht ein äußerst wohlerzogener und gut sozialisierter, erwachsener Hund sein, der bereits Kindererfahrung hat, Kinder liebt, keine Ansprüche an Bewegung, Zuwendung und Beschäftigung stellt, am liebsten schläft und sich schnell in die Familiensituation einfügt. Es ist möglich, einen Hund zum Baby dazu zu holen, wenn alle Voraussetzungen stimmen, insbesondere wenn der Partner sich intensiv an der Versorgung beider beteiligt. Deutlich entspannter ist es aber, die Babyphase von Hund und Kind einzeln zu genießen!

Kleinkind und Kindergartenkind

Die Entwicklung des Kindes

Im zweiten und dritten Lebensjahr muss das Kind noch viel Zeit darauf verwenden, Dinge in seiner Umwelt intensiv zu erforschen und auszuprobieren. Es kann sich zunehmend auf Handlungen konzentrieren, mag sich nicht gerne dabei stören lassen und bekommt gelegentlich Wutausbrüche, wenn die Dinge nicht so funktionieren, wie es das möchte. Es lernt immer noch intensiv durch Versuch und Irrtum, zunehmend gewinnt aber auch das Modell- bzw. Beobachtungslernen an Bedeutung.

Motorische Entwicklung und Sprachentwicklung machen riesige Fortschritte. Handlungsabläufe werden in der Theorie immer besser vorstellbar. Das Kind beginnt, Zusammenhänge, auch soziale Zusammenhänge zu erfassen, Regeln zu verstehen und zu befolgen.

Es nimmt sich als eigenständige Person und Persönlichkeit wahr und kann seine Gefühle immer differenzierter zeigen. Auf Gefühlsäußerungen andere Menschen reagiert es bewusster und zunehmend mitfühlend, denn auch sie, wie auch den Hund, kann es jetzt als eigenständige Individuen mit Gefühlen und Bedürfnissen wahrnehmen. Im Spiel beginnt es, die Rollen anderer einzunehmen. Es identifiziert sich im Rollenspiel mit der anderen Person und sieht ihr Verhalten aus der anderen Perspektive. Diese Fähigkeit ist Voraussetzung für die Entstehung moralischer Grundsätze und für empathisches Handeln.

Irgendwann im dritten Lebensjahr konfrontiert es seine Umwelt mit der ersten intensiven Phase der Abgrenzung, der sogenannten Trotzphase. Es beginnt, mit seiner neu entdeckten Eigenständigkeit zu experimentieren und lernt darüber, verantwortungsvoll damit umzugehen und die Folgen seines Handelns zu berücksichtigen. Es durchlebt dabei oft heftige innere Konflikte, ist hin und hergerissen von seinen Wünschen, Gefühlen und Zielen, findet häufig keinen Ausweg aus der Situation, tobt und wütet. Für alle Beteiligten sind diese „Systemzusammenbrüche" eine Herausforderung.

Viele Erwachsene sind erstaunt oder schimpfen gar, wenn ihnen ein Kind zwischen dem dritten und fünften bis sechsten Lebensjahr wilde Phantasiegeschichten erzählt und auf der Wahrhaftigkeit seiner Aussage besteht. Realistische Situationen und eigene Vorstellungen und Phantasien haben für Kinder in dieser „magischen Phase" den gleichen Stellenwert. Es ist ihnen zeitweise unmöglich, zwischen Realität und Phantasie zu unterscheiden. Dies betrifft sowohl schöne Dinge, wenn es vielleicht erzählt, dass es Elfen und Feen begegnet ist, wie auch furchterregende, wie böse Monster, die unter Betten und Schränken lauern. Diese Verknüpfung von Vorstellung und Realität kann sich natürlich auch auf den Hund beziehen.

Erst mit vier bis fünf Jahren kann ein Kind zwischenRecht und Unrecht unterscheiden. Es entwickelt gruppenfähiges Verhalten, nimmt Rücksicht, kann abwarten, bis es an der Reihe ist, teilt, setzt sich für andere ein.

Im Kindergartenalter gewinnt das Lernen durch Einsicht immer mehr an Bedeutung. Das Kind interessiert sich für abstrakte Zusammenhänge und hinterfragt alles, denkt über Probleme nach, um sie zu lösen.

Der Alltag mit kleinen Kindern

Der Alltag mit dem Kind hat sich seit seiner Geburt verändert. Das Kleinkind schläft tagsüber nur noch selten, das Kindergartenkind eher gar nicht mehr. Dafür sind die meisten Nächte auch für die Eltern wieder zum Schlafen da, es sei denn, das Kind ist krank. Alle

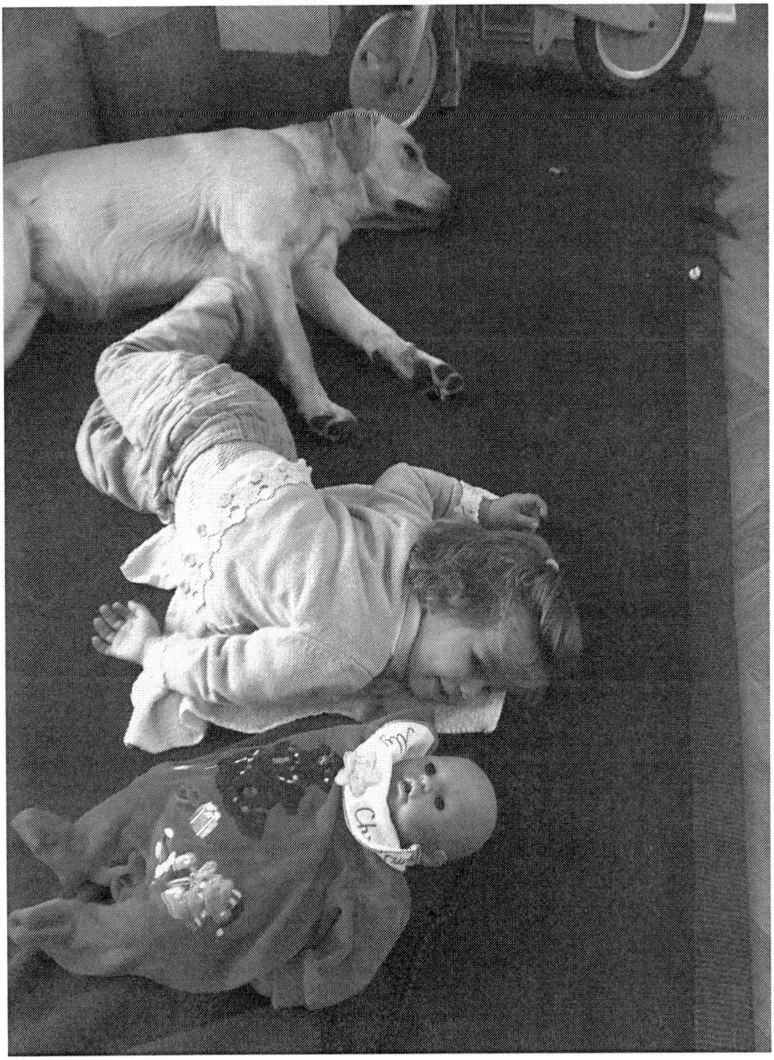

Gemeinsam entspannen und Kraft schöpfen für gemeinsamen Unfug

haben sich aneinander gewöhnt und die Unsicherheit der ersten Zeit ist zumindest weniger geworden.

Nicht weniger geworden sind zunächst die explorativen Exkurse des Kleinkindes, da die Umwelt und die Funktion der Dinge noch nicht flächendeckend erforscht sind. Seine motorischen und kognitiven Fähigkeiten nehmen ständig zu, und so kann es seine Forschungsarbeit immer kreativer gestalten. Dabei überschätzt es häufig seine Fähigkeiten und bringt sich leicht in Gefahr, zieht sich regelmäßig Beulen und Schrammen zu. Von weniger Beaufsichtigungsbedarf kann also noch nicht die Rede sein!

Um das Kind entsprechend zu fördern sind nun viele Aktionen angesagt. Kontakte mit anderen Kindern, Aufenthalte in der Natur, Schwimmen, Turnen, Musik und viele andere Möglichkeiten, Talente zu entdecken und zu fördern, bereichern den Alltag mit zunehmendem Alter des Kindes. Zudem möchte das Kleinkind nun alles mitmachen und nachmachen, was die Großen tun. Das ist zwar zwingend erforderlich um diese Dinge zu lernen, beschleunigt aber nicht unbedingt alltägliche Arbeiten. Mangel an Beschäftigung gibt es bei Eltern mit kleinen Kindern also eher nicht. Die Erziehung eines Hundes oder die intensive Beschäftigung mit ihm, kann in dieser Phase schwierig sein!

Leichter wird es, wenn das Kind in den Kindergarten kommt und einen Teil des Tages dort gefördert wird und auch einen Teil seiner Energie dort lässt. Sind nicht beide Eltern berufstätig, lässt sich hier wieder deutlich mehr Zeit für andere Aktivitäten und auch für die Arbeit mit dem Hund abzweigen. Hinzu kommt, dass das Kind mit drei bis vier Jahren in seiner kognitiven Entwicklung bereits so weit fortgeschritten ist, dass es Zusammenhänge versteht, abstrakt denken und zunehmend Regeln befolgen kann. Seine Motorik ist soweit entwickelt, dass es sich sicher in seiner Umwelt bewegen kann. Wenn nun nicht schon kleine Geschwister da sind, werden Tag und Nacht wieder planbarer.

… denn gute Freunde teilen alles miteinander.

Der Hund und das Kleinkind

Der Alltag in der Familie verändert sich, wird aber zunächst noch nicht unbedingt einfacher, auch nicht für den Hund. Zumindest in der Kleinkindphase bleibt es noch schwierig, die Bedürfnisse aller unter einen Hut zu bekommen. Spaziergänge mit dem Einjährigen sind zuweilen äußerst spaßig, da es laufen will und jeden Stein, jede Pflanze, jede Pfütze erkunden muss. Manchmal will es auch einfach nur rennen, natürlich nicht in die geplante Richtung. Eltern, die zu diesem Zeitpunkt wenigstens den begleitenden Hund in seinen Aktionen dirigieren können, sind dem Nervenzusammenbruch weniger nah. Für den Hund bedeuten diese Spaziergänge nur dann Spaß, wenn die Umgebung für das Kind ungefährlich ist, und beide einfach herum wuseln können. Es wird ihm sicher viel Gehorsam abverlangt werden, in dieser Zeit, und manches Mal wird ihn die Ungeduld des jeweils geplagten Elternteils treffen.

Das Kind nimmt zunehmend auch bewusst Kontakt zum Hund auf, begegnet ihm als Sozialpartner, teilt sein Brot mit ihm und möchte sich ankuscheln. Viele Hunde genießen diese Nähe, liegen sogar lange Zeit geduldig in ihrem Korb, wenn das Kleine mal auf ihnen einschläft. Wie bereits erwähnt, ist Kontaktliegen eine wichtige soziale Komponente. Duldet ein Hund dies gegenüber dem Kind, ist das keine Belästigung für ihn und auch keine Gefahr für das Kind. Zum ernsthaften Problem wird es, wenn die Aktion nur von den Menschen als positiv empfunden und der Hund daran gehindert wird, Distanz herzustellen, also zum Kuscheln gezwungen wird.

Bei Distanzunterschreitungen wird ein Hund zunächst versuchen, durch Drohgesten den gewünschten Abstand wieder herzustellen. Es kommt recht oft vor, dass Erwachsene die Situationen nicht einordnen können und den Hund für diese Drohgesten dem Kind gegenüber bestrafen. Da Drohgesten grundsätzlich der Verhinderung weiterer Eskalation dienen, ist es wichtig, hier die Ursachen des War-

Die klare Ansage eines kleinen Kindes versteht und akzeptiert ein Hund im Zweifel eher als viele unsichere Worte eines Erwachsenen.

nens genau zu analysieren. Ein Hund, der in Ruhe schlafen möchte, darf das sicher auch äußern, ein Hund, der einen Socken gestohlen hat und nun jeden anknurrt, der an ihm vorbei geht, möchte gerne mit einem Trainer sprechen. Frechheiten des Vierbeiners darf man sicher nicht durchgehen lassen, jeder grundsätzlich friedliche und geduldige Hund, der zu sehr bedrängt wird, darf dies schon äußern. Es wäre dringend nötig, dass Erwachsene die Situationen soweit im Auge haben, dass sie rechtzeitig merken, wenn es eng werden könnte und eingreifen, bevor der Hund drohen muss.

Da Kinder, je jünger desto mehr, völlig authentisch sind in ihrer Kommunikation, verwundert es nicht, dass mancher Hund durchaus bereit ist, Kommandos des kleinen Menschen auszuführen, insbesondere wenn der etwas zu essen in der Hand hat. Ob es die entsprechenden Worte bereits richtig aussprechen kann, spielt dabei keine Rolle. Das Kind kommt gar nicht auf die Idee, daran zu zweifeln, dass der Hund seine Aufforderung befolgt. Wäre manch Erwachsener dazu noch in der Lage, hätten Hundetrainer ein Beschäftigungsproblem.

Es ist allerdings dem Hund gegenüber so klar in seinen Willensäußerungen, dass es auch aus seiner Wut keinen Hehl macht, und dem im Weg liegenden Vierbeiner im Zweifel das große Spielzeug, das es gerade mühsam transportieren möchte, auf den Kopf haut. Gerade Einjährige lassen zudem oft jede „Beißhemmung" vermissen. Da sie noch nicht wissen, welche Aktion ihrem Gegenüber weh tut, kann ein Beißen des Kleinkindes schlicht ein Ausprobieren sein, aber auch Wut und Frust können der Grund dafür sein. Hier ist nicht nur Langmut des Hundes sondern auch eine gewisse körperliche Härte gefragt. Ein erwachsener Hund kann solche Erlebnisse meist gut wegstecken, der Welpe oder ein junger Hund in gerade etwas unsicherer Phase, könnte davon stark beeindruckt sein. Ein befreundeter Trainer erzählte mir kürzlich, dass seine Nachbarn einen Hund abgegeben haben, weil das Kind ihn immer heftig biss. Vielleicht wäre ja auch der Versuch, das Kind zu erziehen, wirksam gewesen. Es ist gerade ein wertvoller Effekt der Hundehaltung in der Familie, dass das Kind lernen muss, im Umgang mit anderen Lebewesen dort Grenzen zu akzeptieren, wo die Rechte und Bedürfnisse des anderen tangiert werden.

Da Hunde jeden Alters unbedingt Ruhephasen benötigen und zudem nicht immer dem Tatendrang der Kinder ausgesetzt sein müssen, ist der geschützte Rückzugsbereich unbedingt zu gewährleisten! Andernfalls sind Probleme vorprogrammiert, wie folgendes Beispiel zeigt:

Es war ein Weihnachtsfeiertag, als mich eine junge Mutter verzweifelt anrief, und in großer Sorge berichtete, dass ihr 12 Wochen alter Welpe die beiden Kleinkinder beißt. Da sich die Sache wirklich bedenklich anhörte, fuhr ich gleich hin. Die Lebenssituation, die ich vorfand, musste fast zwangsläufig zu Problemen führen.

Ein sehr junges Paar lebte mit einem einjährigen und einem zweijährigen Kind bei der Familie der Frau. Der Platz war begrenzt und es war nicht gerade ein besonders ruhiger Haushalt. Der kleine Hund war völlig überdreht, ging über Tische und Stühle und machte permanent Spielaufforderungen. Die Zweijährige erwiderte diese Spielaufforderungen mit erstaunlicher Perfektion und beide tobten durch das Wohnzimmer. Das Beißen stellte sich als normales Agieren im Rahmen des Spiels heraus. Dass bei den spitzen Welpenzähnen und der Energie, die Kind und Hund hier an den Tag legten, gelegentlich ein Kratzer entstand, war nicht verwunderlich. Die Erwachsenen waren der unumstößlichen Meinung, dass der Hund wissen müsse, wie man sich Kindern gegenüber verhält und nicht so wild sein dürfe. Die Tatsache, dass er eine Rückzugsmöglichkeit und zwingend Ruhephasen benötigte, wurde nicht akzeptiert. Die Großmutter, die tagsüber mit Kindern und Hund alleine war, zeigte, ebenso wie der Rest der Familie, keine Bereitschaft, dem Welpen altersgemäßes Verhalten und entsprechende Bedürfnisse zuzugestehen. Zum Glück konnte ich sie überzeugen, dass es ein schlechter Zeitpunkt sei, um einen Welpen in die Familie zu nehmen. Ich übernahm die kleine Hündin und vermittelte sie weiter. Ihr Besitzer erklärte mir gerade, dass die heute achtjährige Hündin ein ganz toller Hund ist, der niemals Aggressionen gegenüber Menschen zeigt.

Das Bedürfnis des kleinen Kindes, das zu tun, was die Großen tun, wird immer intensiver. Es möchte auch in der Versorgung des Hundes diese Rolle ausprobieren. Entsprechend seinen motorischen und kognitiven Fähigkeiten ist es sinnvoll, es mit einzubeziehen und so gezielt richtiges Verhalten und wichtige Regeln einzuüben.

Das Kleinkind kann zunächst einfach dabei sein, wenn der Hund gefüttert wird, kann sein Futter in den Napf geben, später den Napf hinstellen und mit Vater oder Mutter zusammen Sicht- und Hörzeichen geben, die den Hund zum Warten oder Fressen anhalten. Es muss dabei gleich lernen, dass der Hund in Ruhe fressen darf und nicht gestört wird. Der Hund erlebt dabei das Kind ebenfalls positiv und nicht als Konkurrenten, der vielleicht sein Futter stehlen will. Da das Kind auch nicht möchte, dass der Hund ihm Kekse aus der Hand stiehlt, kann es gut verstehen, dass es ihm nichts wegnehmen darf.

Medizinische Behandlungen des Hundes, zum Beispiel die Gabe von Augen- oder Ohrentropfen, sollten, wegen der Gefahr der Nachahmung, nicht in Anwesenheit des Kleinkindes stattfinden. Da das Kind, um diese Behandlung nachzuspielen, nicht die Augentropfen benötigt, sondern durchaus auch mit anderen Dingen zufrieden ist, die fiktiv „Augentropfen" sind, kann dieses Spiel ganz schlecht ausgehen. Erklärungen nützen zunächst nur für den Moment! Das jüngere Kleinkind braucht noch viele Erinnerungen und neue Erklärungen, um richtig zu handeln! Eine Abspeicherung ins Langzeitgedächtnis erfolgt noch nicht.

Beim Bürsten des Hundes kann sich auch ein kleines Kind schon aktiv beteiligen und dabei lernen, wie fest es agieren darf, um nicht weh zu tun. Gut wäre, wenn der Hund diese Körperpflege ohnehin genießt und das Kind so wieder Bonuspunkte sammelt.

Bei Spaziergängen bestanden meine Kinder sehr bald darauf, den Hund an der Leine zu führen. Ist die Leine eher Deko und dient nur der Erfüllung gesetzlicher Vorgaben, ist dies sicherlich kein Problem. Ist die Erziehung des Vierbeiners noch nicht so weit fortgeschritten, kann man dem Kind das Ende der Leine anbieten, während der Erwachsene zwischen beiden geht und die eigentliche Arbeit tut. Ist die Umweltsituation nicht geeignet für solche Aktionen, muss auch ein kleines Kind dies schlicht akzeptieren, bzw. die Eltern den Protest aushalten. Werden nicht die erforderlichen Grenzen für Kind und Hund gesetzt, kann das Zusammenleben nicht funktionieren! Es ist in diesem Zusammenhang übrigens zu erwähnen, dass in der Zeit, in der die Kleinen im Kinderwagen sind, Hunde am liebsten am Kinderwagen „Fuß" gehen und nicht neben dem eigentlichen(?) Hundeführer.

Der Hund und das Kindergartenkind

Da ein drei- bis vierjähriges Kind aufgrund seiner Gehirnentwicklung und seiner Erfahrungen schon viel versteht und zudem abstrakt denken kann, wird das Zusammenleben leichter und kalkulierbarer. Zwar ist das Selbstbewusstsein des Kindes auch soweit verändert, dass es sich durchaus eigenständige Aktionen zutraut, die den Erwachsenen im Nachhinein zu Schweißausbrüchen bringen, es ist aber aufgeschlossener für Erklärungen und kann sie behalten und berücksichtigen.

Die soziale Kompetenz des Kindes steigt langsam und aus dem Spiel alleine wird gemeinsames Spiel. Auch der Hund wird in dieses Spiel mit einbezogen und in Rollenspiele integriert. Es gibt Hunde, die es genießen, im Puppenwagen herumgefahren oder gelegentlich „frisiert" zu werden, sie lassen sich sogar Kleider anziehen, Hauptsache sie sind dicht dabei. Freilich mag nicht jeder Hund solche Spiele. Auch hier gilt wieder, dass der Hund in seinen Signalen genau beobachtet werden muss um sicher zu stellen, dass er nicht in Situationen gezwungen wird, die er nicht ertragen kann oder will.

Das eigenständigere und sicherer agierende Kindergartenkind wächst zunehmend aus der „Welpenrolle" heraus und wird mehr und mehr zum Kumpel. Die Idee, dass ein Kind in der Rangfolge über dem Hund stehen müsse, ist graue Theorie und unrealistisch. Ranghohe Gruppenmitglieder müssen entsprechendes Verhalten an den Tag legen können, welches ihre Stellung begründet und erhält. Hierzu gehört nicht nur Souveränität und psychische Stärke, sondern z.B. auch die Fähigkeit, Situationen zu überschauen, Entscheidungen zu treffen, und nicht zuletzt die Bereitschaft, die Mitglieder der Gemeinschaft zu verteidigen. Wie könnte ein Kind dieser Aufgabe gerecht werden? Ziel muss vielmehr sein, dass der Hund das Kind in seinem jeweiligen Entwicklungsstand akzeptiert und ihm freundlich gesonnen ist. Dazu ist es in jeder Altersphase des Kindes nötig, ihm die erforderlichen Grenzen aufzuzeigen und sein Verhalten dem Tier gegenüber in die richtigen Bahnen zu leiten.

Das Kind kann nun schon mehr in die Pflege mit einbezogen werden, vielleicht kleine Aufgaben, wie regelmäßiges Bürsten oder dafür sorgen, dass der Wassernapf gefüllt ist, alleine erledigen. Vielleicht hat es sogar Spaß daran, gemeinsam mit den Eltern kleine Kunststücke zu erarbeiten, Apportel zu verstecken oder sich suchen zu lassen. Es kann lernen, Kommandos als Hör- und Sichtzeichen korrekt zu geben und vom Erwachsenen begleitet, kurze Gehorsamsübungen zu machen. Solche Aktionen sind dem Bindungsaufbau sicher förderlich. Es muss ihm in diesem Zusammenhang ganz eindringlich nahe gebracht werden, dass es keine Übungseinheiten in Eigeninitiative und ohne den Erwachsenen gibt, und dass es den Hund keinesfalls selbstständig für vermeintliches Fehlverhalten zu korrigieren hat!

Meine Kinder waren mit ca. drei Jahren schon immer begeisterte Helfer bei der Ausbildung. Sie zogen mir beispielsweise für die jagdliche Arbeit Schleppen mit Kaninchen oder Tauben. Diese Arbeit mit dem geschossenen Wild ließ sie keinesfalls die Achtung vor der Kreatur verlieren! Sie erhielten eher Einblick in die natürlichen Zusammenhänge des Lebens und lernten, dass man verantwortlich mit Tier und Natur umgehen muss.

Die verletzte Pfote muss gebadet werden.

Der Alltag mit Kleinkind und Welpe ist durchaus nicht immer so harmonisch wie es hier aussieht!

Ein Kind im Vorschulalter kann und sollte auch schon dazu angeleitet werden, das Verhalten des Hundes, also seine körpersprachlichen Signale zu beobachten. Dies kann z.B. geschehen, wenn Hunde miteinander spielen oder wenn Situationen auftreten, in denen klar und deutlich sichtbar vom Hund wichtige Verhaltenselemente gezeigt werden. Eine gute, altersgemäß verständliche Erklärung der Hintergründe des gezeigten Verhaltens trägt dazu bei, Missverständnisse zwischen Kind und Hund zu verhindern. Das Kind kann auch lernen, dass körpersprachliche Signale seinerseits vom Hund nicht unbedingt so gedeutet werden, wie sie von ihm gemeint sind. Hier ist insbesondere das Blickfixieren, das Beugen über den Hund, ein körperliches Bedrängen oder auch „dominantes" Streicheln anzusprechen. Ebenfalls kann es verstehen, wenn auch nicht immer berücksichtigen, dass es durch bestimmte Verhaltensweisen jagdlich motiviertes Handeln herausfordert. Selbst wenn der eigene Hund alle Fehler des Kindes souverän übersieht, wenn es ihn minutenlang fixieren, ihn festhalten und sich über ihn beugen darf, und er das gegebenenfalls mit freundlichen Gesten kommentiert, kann ein fremder Hund dies gar nicht witzig finden und durchaus korrigierend reagieren.

Der neue Hund

Eltern, die einen Hund erwerben möchten, sollten ihre tägliche Auslastung sehr gut prüfen. Kommt ein Welpe zum Kleinkind dazu, ist das sicher nicht leichter als beim Baby. Häufig sieht der Welpe das Kleinkind als prima Spielpartner und agiert entsprechend. Seine Spielvorstellungen sind nicht ganz kongruent mit denen eines Kindes und so kann durch Anspringen, Zerren an der Kleidung und übermütigen Einsatz der Welpenzähne die Begeisterung beim Kind gegen Null tendieren. Oft haben jüngere Kinder sehr bald Angst vor dem Welpen, weil sein Spiel schlicht weh tut. Es ist mitunter sehr nervenaufreibend, ein Kleinkind und einen Welpen ständig voreinander zu beschützen und ihr Verhalten zu lenken. Auch der Besuch von anderen Müttern mit Kleinkindern kann zum Erlebnis der besonderen Art werden, wenn auch die anderen Kinder vom Welpen in sein Spiel einbezogen oder schlicht nur aus lauter Übermut und mangelnder Koordination ständig umgerannt werden.

Das kleine Kind mit Hundeerfahrung, welches schon Hundeverhalten beobachten und abspeichern konnte, wird auch dem aufdringlichen Welpen gegenüber eher klare analoge Signale geben, die Übergriffe vielleicht verhindern können. Das unerfahrene Kind wird ebenso analog Angst und Unsicherheit vermitteln. In jedem Fall ist ständige Beobachtung und frühzeitiges Eingreifen, evtl. Umlenken der Situation angesagt. Kennt der Welpe bereits Kinder, wenn er ins Haus kommt, und hat er schon beim Züchter gelernt, wie man ihnen begegnet, ist die Chance der schnellen Gewöhnung aneinander deutlich größer.

Kommt ein erwachsener Hund zur Familie dazu, ist auch für ihn das Kleinkind gewöhnungsbedürftig, es sei denn, er ist entsprechend sozialisiert. Da seine Reaktionen auf die Aktivitäten des Kindes allerdings deutlich ernster zu erwarten sind, als die des Welpen, ist Vorsicht geboten, auch wenn er grundsätzlich scheinbar freundlich ist.

Da im Kindergartenalter mit mehr Vernunft des Kindes gerechnet werden kann und sein Sprachverständnis eine andere Kommunikation zulässt, ist zu überlegen, ob die Neuanschaffung eines Hundes eher auf diesen Zeitraum verschoben werden sollte.

Mögliche Probleme und Gefahren

In den vorausgegangenen Kapiteln sind zwar schon einige problematische Situationen angesprochen worden, trotzdem soll an dieser Stelle noch einmal detailliert auf einige Gefahren des Alltags hingewiesen werden.

Jagdverhalten

Unfälle mit Kind und Hund geschehen häufig im Kleinkindalter. Schaut man sich die Bewegungsmuster des Kleinkindes an, wird schnell klar, dass es gerade in dieser Phase besonders wichtig ist, einen Hund zu haben, der in Bezug auf den Menschen gut sozialisiert ist und möglichst in den sensiblen Entwicklungsphasen bereits Kontakt mit kleinen Kindern hatte. Beginnt ein Kind zu laufen, sind seine Bewegungen unsicher und schwankend. Es fällt oft hin, weint oder schreit dann sogar wütend. Es lässt sich im Zorn auf den Boden fallen und schlägt um sich. Ein Hund, der den Menschen nicht in ausgeprägter Weise als Sozialpartner kennen gelernt hat, der gegebenenfalls noch hoch jagdlich motiviert ist und darin noch unreflektiert gefördert wurde, könnte hier sein Beuteschema erfüllt sehen und entsprechend reagieren.

Sowie das Laufen einigermaßen funktioniert, beginnt das Kind zu rennen. Es steigert die Fähigkeit der schnellen Fortbewegung und wird bald mit seinen Freunden wilde Rennspiele veranstalten. Welpen und junge Hunde finden das prima und sind meist hoch motiviert, diese Spiele mitzuspielen. Je kleiner die Kinder sind, umso schneller werden sie dabei umfallen, da sie den wilden Aktionen des Hundespiels nicht standhalten können. Auf dem Boden liegend können sie dann hervorragend vom jungen Hund überfallen werden. Er wird an ihren Sachen zerren und begeistert sein, wenn das Kind schreit und zappelt. Beim Hund werden dann sicher genug Endorphine ausgeschüttet um dieses Unterfangen als tolles und wiederholenswertes Spiel abzuspeichern! Selbst wenn das eigene Kind die Aktion auch als lustig empfinden sollte, ist spätestens das Besuchskind ohne Hundeerfahrung geschockt und seine Mutter noch viel mehr!

Da solche Spiele dem jungen Hund völlig falsche Erfahrungen und Erfolge vermitteln, sind sie ohne Frage im Ansatz zu verhindern! Wenn Kinder wild durch die Gegend toben, muss der Hund so gesichert sein, dass er diese Aktion nicht aktiv mitgestalten kann. Im

Zweifel bleibt er im Haus oder an der Leine, wenn er noch nicht sicher abgelegt werden kann. Zu leicht können sich aus diesen falschen Lernerfahrungen Verhaltensweisen entwickeln, die zu ernsthaften Problemen führen. Schritt für Schritt muss trainiert werden, dass er nicht hinter den Kindern her läuft oder sogar liegen bleibt, wenn um ihn herum Bewegung ist. Die Kinder müssen altersentsprechend lernen, dass es nicht gut ist, wild zu toben und zu rennen, wenn ein Hund in der Nähe ist.

Reagiert ein Hund tatsächlich mit jagdlich motivierten Reaktionen auf das Rennen und Toben der Kinder, gerät er gar in den Formenkreis jagdlichen Verhaltens so intensiv hinein, dass er nicht mehr abrufbar und nicht mehr kontrollierbar wird, muss zwingend verhindert werden, dass er beim Spiel der Kinder dabei ist. Da Jagd aus einer Abfolge von Verhaltenselementen mit tödlicher Endhandlung besteht, stellt ein solcher Hund eine ernsthafte Gefahr für jedes Kind dar. Beutefangverhalten gehört nicht zum Aggressionsverhalten. Es findet keine soziale Kommunikation zwischen Hund und Beute statt und es sind unterschiedliche Hirnregionen für beide Verhaltensbereiche aktiv. Der Mensch erfüllt im Normalfall sicher nicht das klassische Beuteschema eines Hundes, sondern ist eher Sozialpartner.

Nach Feddersen-Petersen (2004) deutet der Vergleich der Bissstellenpräferenz unter kämpfenden Hunden mit Verletzungen des Menschen durch Hunde darauf hin, dass zumindest der erwachsene Mensch auch in aggressiven Auseinandersetzungen eher Sozialpartner und nicht Beute ist. Ihren Ausführungen zufolge werdenErwachsene der Häufigkeit nach „1. in den Schulter- und Brustbereich, 2. in den Bauch-Lendenbereich, 3. in die Arme, und 4. in den Kopf- Halsbereich“ gebissen. Kinder, insbesondere unter 10 Jahren (s. z.B. Beißunfälle Statistik Schweiz, 2007) werden überwiegend in den Kopf gebissen. Zitat Feddersen-Petersen (2004): „Die Kinderverletzungen, deren Ablauf an ein Beutefangverhalten des betreffenden Hundes erinnert, waren qualitativ anders, ausgeprägt bzw. führten zum Tod.“

Hier ist sicher zu unterscheiden zwischen ernsthaften Kopfverletzungen des Kindes und weniger schwerwiegenden Gesichtsverletzungen, die nach vorhergegangenen Abbruchsignalen gegebenenfalls der Versuch eines reglementierenden Schnauzgriffes sein könnten.

In diesem Zusammenhang wird z.T. dringend davor gewarnt, Hunden Quietschetiere als Spielzeug zu geben, da durch das Beutespiel in Verbindung mit den Geräuschen ihre Motivation, lebende Beute zu machen, noch erhöht würde und sie so gefährlicher für ihre Umwelt würden. Bei manchen Hunden kann es hier sicher einen problematischen Zusammenhang geben. Solche Hunde geraten schon durch das Spielzeug in eine Art „Rausch" und sind in ihrem Verhalten kaum noch beeinflussbar. Hier ist selbstverständlich ein solches Spielzeug unangebracht und kontraproduktiv. Eine ohnehin schon sehr ausgeprägte Veranlagungen würde in gefährlicher Weise gefördert. Bei Hunden, die im Spiel mit solchen Quietschies gelassen und „normal" bleiben und auch sonst eher gut lenkbar und ausgeglichen sind, sehe ich eigentlich keinen Grund, sie nicht gelegentlich mit einem solchen Spielzeug spielen zu lassen, außer, dass es den Menschen auf die Nerven geht.

Hüteverhalten

Hüteverhalten stellt die ersten Sequenzen des Jagdverhaltens dar. Jagdverhalten setzt sich nach Zimen (1985) aus folgenden Verhaltenselementen zusammen: Suchen, Entdecken, Anschleichen, Nachjagen, Packen, Töten, Wegtragen und Fressen. Auch wenn verschiedene Hütehundrassen recht unterschiedlich agieren, ist selbstverständlich ein Packen und Töten der „Beute" bei allen unerwünscht. Je nachdem, welche Tiere gehütet bzw. getrieben werden müssen, ist gegebenenfalls ein energisches Handeln, welches außer dem Fixieren auch ein lenkendes Zwicken in die Beine beinhalten kann, erforderlich. Gehütet werden potenzielle Beutetiere, nicht Sozialpartner. Ein Hund, der also versucht, die Kinder der Familie zu hüten, zeigt zumindest kein erwünschtes Verhalten. Abgesehen davon, dass er vermutlich chronisch unterfordert ist, besteht durchaus die Gefahr, dass unwillige Kinder auch in die Beine gezwickt werden, um sie „zu hüten“ und somit in ihrer Bewegung einzuschränken. Ob an dieser Stelle dann tatsächlich durch züchterische Selektion das Jagdverhalten endet, ist zumindest nicht zu garantieren. Ein hütendes Verhalten gegenüber Kindern sollte in jedem Fall als bedenklich angesehen und unterbunden werden!

Futter und andere Beute

Da das Kleinkind alles untersuchen muss, wird es sich auch des Kauknochens oder des Lieblingsspielzeugs des Hundes forschend annehmen.

Da Beute ursprünglich lebenswichtig ist, ist die Motivation, sie zu verteidigen, bei vielen Hunden sehr hoch. Diese Verteidigungsbereitschaft bezieht sich nicht nur auf Futter, sondern gegebenenfalls auch auf alles, was gerade in seinem Besitz ist, egal ob rechtens oder geklaut. Da Hunde als soziale Lebewesen durchaus auch in der Lage sind, ihre Beute mit dem Sozialpartner zu teilen, können sie natürlich lernen, dass es positiv ist, Beute mit dem Menschen zu tauschen und zu teilen. Lernt dies bereits der Welpe, wird er, zumindest den ihm vertrauten Menschen, alles kampflos überlassen und auch keine Probleme haben, wenn sie sich seinem Futter nähern. Kinder sollten trotzdem konsequent dazu angehalten werden, den Hund in Ruhe fressen zu lassen und ihn dabei nicht unnötig zu bedrängen! Dies gilt ganz besonders für Kinder, die dem Hund fremd sind. Eventuell ist es sinnvoll, wenn ein Hund Kauknochen und Ähnliches zu Zeiten bekommt, in denen Kleinkinder nicht anwesend sind. So ist der Gefahr vorgebeugt und der Hund kann sich in Ruhe damit beschäftigen.

Gezielte Apportierübungen, bei denen der Hund lernt, dass das Beutespiel mit dem Menschen Spaß macht, sind eine gute Möglichkeit, aggressives Verhalten gar nicht erst aufkommen zu lassen. Hat der Hund das gemeinsame Spiel verstanden, können auch die Kinder, je nach Alter und Entwicklungsstand, zum korrekten Beutespiel mit ihm angeleitet werden. Hiermit ist nicht stumpfes Werfen und Bringen gemeint, sondern Formen des Apportierens, die Ansprüche an den Gehorsam des Hundes stellen, ihn geistig fordern und seine jagdlichen Ambitionen in die richtige Richtung lenken.[4]

Hunde, die sich gezielt Gegenstände suchen, um sie dann demonstrativ zu bewachen und gegenüber den Familienmitgliedern zu verteidigen, stellen für Kinder eine ernsthafte Gefahr dar. Gerade das jüngere Kind wird unweigerlich in diese Beutefalle tapsen. In der Erziehung von Welpen und Junghunden begegnet einem dieses Verhalten häufig. Der erwachsene oder auch nur etwas ältere Hund legt gezielt eine Beute vor sich hin, oft sogar in einem gewissen Abstand, und wartet darauf, dass so ein unbedarfter Zwerg sich dafür interessiert und es zu nehmen versucht. Dem Welpen oder Junghund wird in diesen Lernsequenzen das gesamte, der Situation angemessene Drohverhalten gezeigt. Versteht er es noch nicht oder möchte er es gerade nicht verstehen, wird ihm wahrscheinlich beim blitzschnellen Vorwärtsschießen und Verjagen oder beim warnenden Schnauzgriff klar, was gemeint ist. Während der kleine Hund ausweichen kann und schnell seine Lektion lernt, hat das Kind vermutlich Verletzungen.

Fremde Kinder

Je älter das Kind wird, umso mehr gewinnt das Spiel mit anderen Kindern an Bedeutung. Auch wenn Kleinkinder noch nicht wirklich *miteinander* spielen, sind gemeinsame Aktionen wichtiges soziales Training. Dies bedeutet in der Praxis, dass andere Kleinkinder zu Besuch kommen. Diese Zwerge haben nicht zwingend Erfahrung mit Hunden, eventuell sogar Angst vor ihnen. Optimal wäre, könnten sie

---

4 s. M. van Schewick, *Apportieren mit Spaß*

durch die Besuche ihre Angst verlieren und korrektes Verhalten üben. Dazu ist es hilfreich, wenn der Hund in seinen Aktionen kontrollierbar ist, die Kinder nicht anspringt oder umrennt und sich ruhig in das Geschehen einpasst.

Zunächst müssen wir aber davon ausgehen, dass das Besuchskind all das, was das eigene Kind bereits an korrektem Verhalten gelernt hat, nicht beherrscht, dafür im Zweifel aber höchst interessiert am Hund und natürlich genauso explorativ unterwegs ist, wie das eigene.

Beginnen die Kinder, Rollenspiele zu spielen, werden gerade Kinder, die zuhause keinen Hund haben, oft erpicht darauf sein, dass der Hund mitspielt. Mehr als beim eigenen Kind besteht hier die Gefahr, dass Grenzen überschritten werden, auch wenn der Hund grundsätzlich gerne mit den Kindern zusammen ist.

Kleine Kinder sind entwicklungsbedingt oft nicht wirklich nett zueinander. Ein Hund, der sein Kind beschützen möchte, weil ihm vielleicht gerade Bausteine auf den Kopf geworfen werden, kann blitzschnell reagieren, um den „Übeltäter" zurecht zu weisen. Das Problem des missverstandenen Spiels durch den Hund und die Möglichkeit, dass er „sein" Kind beschützen möchte, wenn Kinder sich streiten, bleibt während der gesamten Kindheit bestehen.

Ängstliche Kinder reagieren unter Umständen mit lautem Schreien auf die Annäherung eines Hundes. Abgesehen davon, dass für solche Kinder eine ganz langsame und einfühlsame Annäherung wichtig ist, kann auch der Hund, insbesondere der junge Hund, traumatisiert werden. Erschreckt sich der junge Hund über das plötzliche Schreien des Kindes, kann das zu Ängsten und Meideverhalten Kindern gegenüber führen. Schlimmstenfalls wird das Erlebte generalisiert und auf alle Kinder übertragen. In solchen Fällen ist es meist wirksam, immer wieder Kinder mit Futterbröckchen auszustatten und zunächst einfach nur das Futter hinwerfen zu lassen, bis der Hund die Nähe wieder ertragen kann und das Futter auch aus der Hand nimmt.

Haben Besuchskinder Angst vor Hunden, ist es sinnvoll den Hund konsequent zu kontrollieren, damit niemand überfordert wird. Hat das Kind die Möglichkeit, den Hund eine Zeit zu beobachten und von sich aus langsam die Distanz zu verkleinern, wird es seine Angst eher verlieren, als wenn es bedrängt und Nähe erzwungen wird.

Hunde, besonders junge Hunde, die mit Kindern sehr vertraut sind, laufen bei Spaziergängen gerne begeistert auf Kinder zu. Selbst wenn die Kinder keine Angst zeigen, sind es oft die begleitenden Erwachsenen, die in Panik verfallen und den Hundebesitzer böse beschimpfen.

Kinder muslimischen Ursprungs haben oft große Angst vor Hunden, da in ihren Kulturen Hunde z.T. als unrein angesehen werden und die Menschen keinen Kontakt mit ihnen haben möchten.

Dringende Empfehlung für Zeiten, in denen fremde Kinder anwesend sind, und das gilt mindestens bis ins Grundschulalter:

! *Fremde Kinder und Hunde niemals unbeaufsichtigt lassen, notfalls den Hund in einen Zimmerkennel oder ein anderes Zimmer sperren oder ihn angeleint mit sich führen.*

Enge Situationen

Auch wenn das Thema hier bereits mehrfach angesprochen wurde, soll es noch einmal ausdrücklich erwähnt werden. Ich bekomme häufig Berichte von Zwischenfällen zwischen Kind und Hund, bei denen das Kind Verletzungen im Gesicht davon trägt. Sehr oft wurde der Hund zuvor in eine einengende Situation gebracht. Ein beliebter Platz für solche Zwischenfälle ist unter dem Tisch, in einer Ecke oder im Korb oder Zimmerkennel des Hundes. Es sind zwar häufig kleinere Kinder, die, ohne es ahnen zu können, den Hund zu sehr einengen, grundsätzlich passiert so etwas aber auch bis ins Jugendalter hinein. Auch Erwachsene haben da oft kein besseres Feeling, was die nötige Distanz betrifft. Ein Beispiel aus der Praxis kann vielleicht verdeutlichen, dass es sich bei den Verletzungen des Kindes in solchen Fällen oft um die Folge einer ernsten Warnung, und eher nicht um ein gezieltes Beschädigungsbeißen, handelt:

Der fünfjährige Dackelrüde lebte in einer Familie mit zwei Jungs im Alter von 10 und 12 Jahren und drei weiteren Hunden. Er wurde jagdlich geführt, war diesbezüglich hoch motiviert, und wurde als Deckrüde eingesetzt. Er war in das Familienleben eingebunden, spielte und kuschelte gerne mit den Jungs.

Zum Zeitpunkt des Vorfalls hing eine geschossene Sau auf der Terrasse, wenige Meter von der Box des Hundes entfernt. Eine Hündin war läufig, kurz vor Standhitze.

Der damals zehnjährige Junge hat eine leichte geistige Behinderung. Er stand morgens vor den Eltern auf, ging zu den Hunden hinunter und wollte mit dem Dackelrüden kuscheln. Dieser lag in seiner Box, in die er sich zum Schlafen zurückzieht. Das Kind legte den Kopf in die Box und streichelte den Hund. Er berichtete später detailliert, wie der Hund zunehmend warnte. Diese Warnungen verstand der Junge in dieser Situation nicht, da der Hund sie Menschen gegenüber nie gezeigt hatte, und ihm die Bedeutung der sich steigernden Abbruchsignale nicht bewusst war. Erst als der Rüde zuschnappte und ihn dabei in die Lippe biss, ließ er ihn in Ruhe. Der Biss war in sofern tragisch, als eine Kiefer-Gaumenspalte gerade fertig behandelt und gut verheilt war. Die Lippe war nun genau an der Stelle wieder aufgerissen. Hätte der Hund vor gehabt, das Kind ernsthaft zu verletzen, wäre die Situation anders ausgegangen. Ein gezieltes Beschädigungsbeißen hätte schwerste Verletzungen zur Folge gehabt.

Das Verhalten des Hundes am Nachmittag des gleichen Tages war in Bezug auf die Kinder freundlich und entspannt, obwohl er durch das Wild, welches vor der Tür hing und die Läufigkeit der Hündin, bzw. durch die dadurch erhöhten Botenstoffe, insgesamt gestresst war.

Wir besprachen mit den Kindern die Probleme des morgendlichen Vorfalls und das betroffene Kind malte sich ein Verbotsschild, welches an der Box befestigt wurde. Es wollte sich so selbst daran erinnern, dass es nicht daran gehen darf, wenn der Hund darin liegt. Die Box kam nachts ins Schlafzimmer der Eltern. Andere bedenkliche Vorfälle mit diesem Hund gab es weder vorher noch nachher. Das Verhältnis des behinderten Kindes zum Hund war durch den Unfall nicht belastet.

Generalisierung

Generalisierung von Erlerntem bzw. Erlebtem tritt nicht nur bei Hunden auf, sondern auch bei Menschen. Kleine Kinder, die mit einem Hund aufwachsen oder sehr vertraut sind, gehen meist auf alle Hunde mit der gleichen Unbefangenheit zu, wie auf den eigenen. Hierbei kann es zu unfallträchtige Situationen kommen, die sowohl Eltern als auch alle Hundebesitzer einkalkulieren sollten.

Kinderfeste

Spätestens im Kindergartenalter beginnt die Zeit der großen Geburtstagsfeiern. Oft sind viele Kinder eingeladen, die nicht alle so gut bekannt sind, wie die Kinder, die oft zum Spielen kommen. Hier gilt eben besprochenes natürlich umso mehr, da nun viele Kinder gute Ideen bezüglich des Hundes haben. Alle wollen den Hund streicheln, und natürlich alle gleichzeitig. Selbst der erfahrenste Familienhund kann ob dieser kindlichen Übermacht unsicher werden und bestenfalls die Flucht ergreifen. Zudem entwickelt sich evtl. eine Gruppendynamik, die in wildem Chaos endet, wenn der Hund beim wilden Spiel mitmischt. Der Hund sollte keinesfalls als normaler Teilnehmer des Kindergeburtstages angesehen werden, sondern eher, zum Schutze aller, in sicherer Distanz zum Geschehen mitfeiern.

Verkleidete Kinder trifft man mittlerweile nicht nur im rheinischen Karneval sondern zunehmend auch auf Kindergeburtstagen.

Hunde, auch solche mit sehr guter Sozialisierung und Habituation, können diese ungewohnten Erscheinungen ganz oft nicht einordnen. Sie reagieren unsicher, verbellen die „gefährlichen Gestalten" oder flüchten sogar. Selbst das gut bekannte Kind wird mit Verkleidung oft nicht identifiziert. Eine Möglichkeit, diesen unsicheren Reaktionen vorzubeugen ist, dass sich Familienmitglieder zu Hause oder auch Trainer in der Gruppenstunde gelegentlich ungewohnte Kleidungsstücke, Helme, Hüte oder Nikolausmützen vor den Hunden anziehen und auch wieder ausziehen. Werden die Hunde in verkleidetem Zustand dann noch nett angesprochen und gefüttert, könnten auch Verkleidungen positiv besetzt werden.

Eifersucht

Jüngere Kinder reagieren gelegentlich mit Eifersucht auf einen neuen Hund. Auch wenn sie anfangs begeistert waren, stellen sie bald fest, dass der Vierbeiner eine Menge Aufmerksamkeit bekommt und sie meist besonders die Mutter mit ihm teilen müssen. Das kann soweit gehen, dass sie alle Aktionen mit dem Hund durch unkooperatives Verhalten sehr schwierig gestalten, dem Hund gezielt weh tun, oder ihn ständig provozieren. Solches Verhalten ist nicht nur sehr belastend für alle Beteiligten sondern auch gefährlich. Es kann gelingen, diesen Kreislauf zu durchbrechen, indem das Kind mehr in die fürsorgende Rolle mit einbezogen wird und sich so mitverantwortlich und wichtig fühlt.

Krankheit des Hundes

Je mehr die Kinder aktiv auf den Hund zugehen und sich mit ihm beschäftigen, umso mehr ist auch auf die physische Gesundheit des Hundes zu achten. Hiermit ist nicht nur gemeint, dass er keine übertragbaren Krankheiten und Parasiten haben sollte, sondern vielmehr, dass er sich körperlich wohl fühlt und keine Schmerzen hat. Der kleine Mensch ist anfangs ja noch sehr unbeholfen in seinen Annäherungen, wird oft zu fest ins Fell packen, über den Hund fallen oder ihm auf die Pfoten und die Rute treten. Geht es dem Hund gut und ist er grundsätzlich positiv gestimmt, wird ihn das wenig irritieren. Er wird evtl. weg gehen oder sich gar nicht davon beeindrucken lassen. Ein Hund, der Schmerzen hat, könnte spontan heftig abwehrend reagieren. Selbst ein Drohschnappen oder ein angedeuteter Schnauzgriff könnten zu Verletzungen des Kindes führen.

Während das Kleinkind immer wieder vergessen wird, dass es dem Vierbeiner vorsichtig begegnen muss, wird das Kindergartenkind die Probleme des Hundes verstehen und sich meist (!) an entsprechende Verhaltensregeln halten können.

Zeigen Hunde plötzlich verändertes Verhalten, ziehen sie sich vielleicht öfter zurück als gewohnt, oder zeigen sie ungewohnte Drohgesten, sollten sie dringend einem Tierarzt vorgestellt werden. Es gibt viele Erkrankungen, die das Leben des Hundes erschweren und ihn in seinem Wesen und Verhalten verändern können. Stoffwechselstörungen können hier ebenso im Hintergrund stehen, wie beispielsweise Gelenkerkrankungen. Der Hund, der zunehmend unter Schmerzen leidet, wenn er so ausgelassen wie sonst mit den Kindern tobt, wird das Spiel mit ihnen einstellen, vielleicht sogar grundsätzlich auf größere Distanz bestehen. Mir wurde von einem Fall berichtet, bei dem ein Gelden Retriever Rüde, der immer begeistert mit den Kinder gespielt hatte, sich zunehmend zurück zog und nach einiger Zeit bereits abwehrend reagierte, wenn die Kinder mittags aus der Schule kamen. Veränderungen im Bereich der Wirbelsäule, verbunden mit starken Schmerzen, waren Auslöser der Verhaltensänderung. Der Rüde hatte offensichtlich das Spiel mit den Kindern mit dem Schmerz verknüpft. Nach entsprechender Behandlung wandelte sich auch sein Verhalten zu den Kindern wieder positiv.

Schulkind

Wichtige Entwicklungsschritte des Kindes

Mit ca. 6 Jahren beginnt eine neue Phase der intellektuellen Reife. Bis zu einem Alter von ca. 12 Jahren vermehrt sich die graue Gehirnsubstanz. Durch Reifung der Stirnlappen wird logisches Denken und Urteilsfähigkeit verbessert. Die sprachlichen Fähigkeiten und die Konzentrationsfähigkeit nehmen enorm zu, das Kind kann zielgerichtet lernen. Zudem ist es immer mehr in der Lage, die eigenen Gefühle zu kontrollieren, sich selbst zu beherrschen und auf die Befriedigung seiner Bedürfnisse zu warten. Es kann sein Verhalten reflektieren, sich zunehmend rational mit Problemen auseinander setzen und die Bedürfnisse anderer erkennen und akzeptieren. Das Einhalten von Regeln fällt dem Schulkind mit fortschreitendem Alter leichter.

Der Alltag mit Schulkind

Für Kind und Eltern beginnt mit dem Schulantritt eine neue Lebensphase. Zum Einen wird das Leben reglementierter und geregelter, zum Anderen ist alles neu und spannend. Das Kind muss das vertraute soziale Umfeld des Kindergartens verlassen, neue Bindungen eingehen und neuen Anforderungen im Bereich des Sozialverhaltens gerecht werden. Es ist selbstständiger geworden und kann immer mehr Dinge alleine erledigen und regeln, so die Eltern es denn lassen. Die Zeit des freiwilligen Kindergartenbesuches ist der Verpflichtung durch die Schule gewichen, in der neue Anforderungen auf Kinder und Eltern zukommen. Bei manchen Kindern beginnt sehr früh ein Leistungsdruck und eine ständige Überforderung, andere blühen auf durch die neuen Anforderungen. Viele Eltern setzen sich und das Kind von Anfang an bei der Erledigung der Hausaufgaben unter enormen Stress. All das ist anstrengend und Freund Hund kann einen großen Beitrag zur Entspannung leisten.

Das Kind als „Kumpel" des Hundes

Ein Kind mit normal verlaufender kognitiver, emotionaler und sozialer Entwicklung, hat im Grundschulalter im Allgemeinen verstanden, wie der korrekte Umgang mit dem Hund aussehen sollte, was man tun darf und was eher zu unterlassen ist. Das kann natürlich nur dann geschehen sein, wenn es entsprechende Vorbilder gibt und das Kind bis jetzt mit dem nötigen Sachverstand angeleitet wurde. Ob es immer in der Lage oder auch willens ist, sich daran zu halten, ist eine ganz andere Frage und gilt letztlich für alle Lebensbereiche. Für den Hund hat das Schulkind eher den Status eines Kumpels erreicht.

Der Hund ist Freund, Vertrauter, Kumpel, Spielkamerad. Kuschelt das Kind mit ihm, werden emotionale Bedürfnisse befriedigt und Stress abgebaut. Die Laune verbessert sich meist erfreulich, wenn die Welt gerade hart und ungerecht ist, und man dann für ein paar Minuten mit dem Hund abtauchen und Kraft tanken kann.

Manches Kind kann sich eher durch wildes Spiel abreagieren, in das der Hund, mangels anderer Spielpartner, gern einbezogen wird. Viele Hunde gehen begeistert auf alle Aktivitäten des Kindes ein, kuscheln, rennen und raufen mit ihm, ohne Grenzen zu überschreiten und zu dominieren. Kind und Hund scheinen dies gleichermaßen zu genießen. Vorsichtigere Vertreter ihrer Art haben unter Umständen ein Problem mit wilden Raufspielen, fühlen sich schnell bedrängt und unsicher. Hier sind ebenso klare Einschränkungen durch den Erwachsenen nötig, wie beim Spiel mit Hunden, die jede schwache

Position des Kindes ausnutzen und solche Spiele nutzen um ihre Stärke und Stellung zu demonstrieren.

Besonders kritisch sollte man auch Zerrspiele zwischen Kind und Hund sehen. Mancher Hund lässt sich durch solch wildes Beutespiel in starke Erregung versetzen und ist dann nur noch schwer kontrollierbar. Unangemessenes Beutefangverhalten im gemeinsamen Spiel mit einem Kind, stellt definitiv eine Gefahr dar. Wird also die spielerische Ebene verlassen, ist die Möglichkeit, dass es zu unerwünschten Handlungen dem Kind gegenüber kommt, groß. Allein das heftige Nachfassen um die Beute festzuhalten, kann schnell zu einem Loch in der Hand dessen führen, der am anderen Ende zerrt.

Beim Spiel mit dem Hund sollte ein Erwachsener zumindest in der Nähe sein, um regulierend eingreifen zu können.

Schulkinder können immer mehr in die Betreuung des Hundes mit einbezogen werden. Sie können regelmäßige Aufgaben, wie Fütterung oder Fellpflege, verantwortlich übernehmen. Voraussetzung hierfür ist nicht nur, dass der Hund entsprechend sicher im Umgang ist, sondern auch, dass das Kind in die Betreuung mit eingeplant werden möchte. Ein Kind zu zwingen, regelmäßig ein Tier zu versorgen, wäre sicher kontraproduktiv. Die Verpflichtung darf auch nicht so eng gehandhabt werden, dass andere Aktivitäten darunter leiden. Es muss die Möglichkeit geben, nach der Schule mit zum Freund zu fahren, oder das Wochenendlager bei den Pfadfindern mit zu machen, auch wenn man eigentlich an diesen Tagen mit dem Füttern dran ist. Hier können Absprachen getroffen werden, die die Verantwortung des Kindes und seine helfende Bedeutung in der sozialen Gemeinschaft nicht ungeachtet lassen, den Erwachsenen aber als verständigen Partner in Aktion treten lassen.

Je mehr sich das Kind mit dem Hund beschäftigt, umso mehr wächst die Bindung zwischen den beiden. Ab einem Alter von etwa acht Jahren haben viele Kids bereits ein gutes Geschick, mit dem Hund zu arbeiten. Kinder, die am normalen Training in Gruppen

Elias und „Ivanhoe", zwei wilde Feger mit einer ganz besonderen Beziehung

teilnehmen, haben oft ein deutlich besseres Gefühl für den Umgang mit dem Hund, als Erwachsene. Sie sind meist noch in der Lage, analog und authentisch zu kommunizieren und diesbezüglich noch nicht so verbildet, wie mancher Erwachsene.

Über die Arbeit mit dem Hund, darüber dass es ihm etwas beibringt und die Führung im Team übernimmt, wächst es in eine andere Rolle hinein. Es lernt durch Lehren, muss vorausplanen, das andere Individuum in seinen Bedürfnissen und seinem Handeln im Blick haben und vernünftig und verantwortlich agieren. Es muss sich sowohl mit den Lerninhalten, die es vermitteln will, wie auch mit der Methodik auseinandersetzen. Es lernt, wie man lernen kann, sein Gegenüber genau zu beobachten und koordiniert und kooperativ zu handeln.

Über diese Arbeit und die gemeinsamen Erfolgserlebnisse wird das Verhältnis zwischen beiden positiv beeinflusst. Es kann so langsam ein Ranggefüge entstehen, in dem das Kind schon einen recht hohen Status erreicht, und der Hund sich gerne unterordnet, weil das gemeinsame Tun Spaß macht, und so von Vorteil für ihn ist. Ein eigenständiges, vorausschauendes Führen des Tieres durch das Grundschulkind ist sicher noch nicht möglich.

Ließe man es alleine mit dem Hund spazieren gehen, würde man beide dadurch unkalkulierbaren Gefahren aussetzen. Selbst wenn das Kind den Hund einer kleinen Rasse körperlich halten kann, selbst wenn es gut informiert ist über Hundeverhalten und prima mit dem Hund zurecht kommt, kann niemand wissen, was beiden draußen begegnet. Würde der eigene Hund beispielsweise in eine Auseinandersetzung mit einem anderen verwickelt, wäre die Gefahr, dass das Kind eingreift, um seinen Freund zu retten, groß. Die Chance, dass es dabei schwere Verletzungen davon trägt, ist durchaus gegeben. Zudem entsteht beim Spaziergang ohne Erwachsenen eine etwas paradoxe Situation, da erwartet wird, dass der Hund dem Kind gehorchen soll, es also als ranghöher anerkennen soll, das Kind diese

Lernen durch lehren - pädagigisch sinnvoller Spaß

Rolle aber aus verschiedenen Gründen nicht ausfüllen kann. In den meisten Fällen wird es ihm an der erforderlichen Weitsicht, Erfahrung und Souveränität fehlen, um wirklich Chef zu sein, und es kann und darf ihn beispielsweise nicht vor anderen Hunden beschützen. Es gibt Kind-Hund-Teams, von deren Kommunikations- und Kooperationsfähigkeit manch Erwachsener nur träumen kann. Gerade bei Kindern, die viel mit dem Hund arbeiten, kann das Zusammenspiel deutlich besser sein, als bei vielen Erwachsenen. Welchen Status im Ranggefüge das Kind in solchen Fällen tatsächlich hat, scheint unwichtig – es funktioniert. In anderen Beziehungen signalisiert der Hund mit unterschiedlich formulierter Klarheit, dass es recht unverschämt oder irrelevant ist, was das Kind von ihm fordert. Das wird ohne Aufsicht problematisch!

Da ein Grundschulkind eher noch nicht in der Lage ist, komplexe Umweltsituationen vorausschauend in seinem Handeln zu berücksichtigen, kann es auch unfallträchtige Momente für den Hund geben. Mir sind einige Fälle bekannt, in denen der Hund tödlich verunglückte, während ein Kind mit ihm unterwegs war. So laufen Hunde z.B. auf die Straße, weil sie auf der anderen Straßenseite von Freunden des Kindes gerufen werden oder eine Katze sehen. Einen solchen Schock und die etwaigen Schuldgefühle zu verarbeiten, ist sicher schwieriger als den Frust zu verdauen, weil man nicht alleine mit dem Hund raus gehen darf.

Folgende Fragen können helfen zu entscheiden, ob Spaziergänge ohne Begleitung eines Erwachsenen bereits sinnvoll sind:

- Ist der Hund allen Menschen gegenüber freundlich und sicher?
- Ist er sicher gegenüber akustischen und optischen Umweltreizen?
- Geht er gelassen an Weidetieren vorbei und jagt weder Katzen noch Wild?
- Verfügt er über einen guten Grundgehorsam und hört er auch auf das Kind?
- Ist das Kind körperlich in der Lage, den Hund zu führen und auch gegen seinen Widerstand festzuhalten?
- Ist es vernünftig genug, sich an besprochene Regeln zu halten?
- Erkennt das Kind Gefahrensituationen und kann es angemessen darauf reagieren?
- Ist es bereits in der Lage, seine Umwelt so genau zu beobachten, dass es diese Situationen rechtzeitig wahrnimmt?
- Existieren in der näheren Umgebung Hunde, von denen potenziell Gefahr ausgeht?
- Weiß das Kind, dass es bei Auseinandersetzungen der Hunde niemals eingreifen darf?

Es besteht ein grundsätzliches Problem, wenn Minderjährige alleine mit Hunden unterwegs sind. Der Gesetzgeber äußert sich konkret zur Altersfrage des Hundeführers bei Hunden, die aufgrund ihrer Rassezugehörigkeit bestimmten Auflagen in der Haltung unterliegen. Hier ist das vollendete 18. Lebensjahr Pflicht.

Im Landeshundegesetz NRW ist zu lesen:

§ 2 Allgemeine Pflichten

(1) Hunde sind so zu halten, zu führen und zu beaufsichtigen, dass von ihnen keine Gefahr für Leben oder Gesundheit von Menschen oder Tieren ausgeht.

Das BGB sagt zur Haftung von Minderjährigen bzw. deren Aufsichtspersonen:

§ 828 Minderjährige

(1) Wer nicht das siebente Lebensjahr vollendet hat, ist für einen Schaden, den er einem anderen zufügt, nicht verantwortlich.

(2) Wer das siebente, aber nicht das zehnte Lebensjahr vollendet hat, ist für den Schaden, den er bei einem Unfall … einem anderen zufügt, nicht verantwortlich. Dies gilt nicht, wenn er die Verletzung vorsätzlich herbeigeführt hat.

(3) Wer das 18. Lebensjahr noch nicht vollendet hat, ist, …, für den Schaden, den er einem anderen zufügt, nicht verantwortlich, wenn er bei der Begehung der schädigenden Handlung nicht die zur Erkenntnis der Verantwortlichkeit erforderliche Einsicht hat.

§ 832 Haftung des Aufsichtspflichtigen

(1) Wer kraft Gesetzes zur Führung der Aufsicht über eine Person verpflichtet ist, die wegen Minderjährigkeit oder wegen ihres geistigen oder körperlichen Zustands der Beaufsichtigung bedarf, ist zum Ersatz des Schadens verpflichtet, den diese Person einem Dritten widerrechtlich zufügt. Die Ersatzpflicht tritt nicht ein, wenn er seiner Aufsichtspflicht genügt oder wenn der Schaden auch bei gehöriger Aufsichtsführung entstanden sein würde.

Solange kein Schadensfall eintritt, niemand belästigt oder gefährdet wird, mag alles ok sein. Was aber, wenn es doch zu ernsthaften Vorfällen kommt? Es wird sicher eine Einzelfallbeurteilung geben, bei der ähnliche Kriterien zur Prüfung der Eignung des Hundeführers zugrunde gelegt werden, wie oben aufgelistet. Da auf hoher See und vor Gericht alle Menschen in Gottes Hand sind, sollte man diesem die Möglichkeit geben, das Urteil aufgrund der angemessenen Sorgfalt, die man im Vorfeld hat walten lassen, in die richtigen Bahnen zu lenken! Auch Versicherungen handhaben die Thematik unterschiedlich, z.T. sind Minderjährige in der Hundehaftpflichtpolice ausdrücklich mitversichert. Es ist zu empfehlen, bei der jeweiligen Hundehaftpflichtversicherung anzufragen, ob ein Unfall versichert ist, wenn das Kind alleine mit dem Hund draußen war.

Kind und Hund alleine lassen

Je älter das Kind wird, umso weniger Wert legt es auf ständige Nähe der Eltern. Es beschäftigt sich unabhängig von ihnen, möchte nicht ständig beobachtet und bewacht werden. Dies gilt auch für seine Aktionen mit dem Hund. Wie kann es seinem vierbeinigen Kumpel z.B. Geheimnisse erzählen, wenn die Mutter daneben steht? Wie soll es in Ruhe spielen, wenn es sich ständig beobachtet fühlt, vielleicht auch noch permanent korrigiert oder aus seiner Phantasiewelt herausgerissen wird?

Die Frage, ob man beide alleine lassen kann, zumindest irgendwo in Haus oder Garten für kurze Zeit unbeaufsichtigt lassen kann, ist immer nur individuell zu beantworten. Hierzu zählt auch die Frage, ob und wann ein Hund im Kinderzimmer schlafen darf. Ein unsicheres Kind oder eines, das abends schlecht zur Ruhe kommt, profitiert sicher von der Anwesenheit des zuverlässigen Hundes. Auch, oder gerade wenn die Eltern mal abends weg gehen, kann der vertraute Hund viel Sicherheit geben. Man ist eben nicht alleine, wenn der Hund da ist. Der Zwiespalt zwischen Vertrauen und Kontrolle bezüglich des Alleinelassens ist nur unter Berücksichtigung der Individualität von Kind und Hund zu lösen.

Zwei von mir ausgebildete und hier aufgewachsene Labrador Retriever sind in Familien mit jeweils einem an Epilepsie erkrankten Kind. Tom war zwei Jahre, als „Vita" zu ihm kam, Elias bekam „Ivanhoe" mit sieben Jahren. Beide Hunde schliefen nach wenigen Tagen bei den Kindern. Einerseits war so die Chance größer, dass sie nahende Anfälle rechtzeitig signalisieren konnten, andererseits wurden die Kindern durch ihre Anwesenheit ruhiger und entspannter, bzw. schliefen überhaupt im eigenen Bett.

Hoch intelligente und verantwortungsbewusste Erwachsene machen Fehler, spontan und emotional handelnde Kinder machen Fehler und auch der wohlerzogenste und freundlichste Familienhund kann sich anders verhalten als es erwartet wurde. Ein Restrisiko, nicht nur im Umgang mit Lebewesen, gibt es immer! Verbieten wir unseren Kindern alles, was mit einem gewissen Risiko verbunden ist, werden sie nicht viel Spaß am Leben haben. Sie werden sicher nicht genug lernen, nicht genug Erfahrungen machen, um zu kompetenten erwachsenen Mitgliedern der Gesellschaft zu werden. Der tägliche Schulweg ist definitiv unfallträchtiger und gefährlicher, als das Zusammensein mit dem Hund, wenn alle Voraussetzungen stimmen. Dass die Beziehung zwischen Kind und Hund der ständigen Beobachtung bedarf, versteht sich von selbst. Manches potenzielle Problem kann so im Vorfeld erkannt und verhindert werden.

Einige Regeln für den Umgang mit dem eigenen Hund, die mit Kindern und Eltern besprochen werden sollten, können helfen, das Miteinander sicherer zu gestalten. Die Regeln sind hier so formuliert, dass sie auch ein Grundschulkind verstehen kann.

Regeln für den Umgang mit dem eigenen Hund

- Sicher hast Du mit Deinen Eltern besprochen, wie Dein Verhalten dem Hund gegenüber aussehen soll. Halte Dich an diese Vereinbarungen, sie sind wichtig, damit ihr beide eine schöne Zeit miteinander haben könnt.
- Wahrscheinlich wird Dein Hund Dich noch nicht als Boss akzeptieren, sondern als gleichrangiges „Rudelmitglied" ansehen, von dem man sich nichts gefallen lassen muss. Es kann also sein, dass er sich weigert, auf Deine Kommandos zu hören, sich von Dir etwas abnehmen zu lassen oder vom Sofa zu springen, wenn Du dort sitzen möchtest.
- Versuche nie, Situationen alleine zu regeln, in denen der Hund sich gegen Dich auflehnt. Schau zur Seite, um dem Hund zu zeigen, dass Du nicht Deine Kräfte mit ihm messen willst, und geh ihm langsam aus dem Weg. Bitte Deine Eltern um Hilfe.
- Schau dem Hund nicht starr in die Augen! Er könnte sich dadurch provoziert fühlen und denken, dass Du ihn bedrohst.
- Wenn der Hund frisst oder schläft, solltest Du ihn unbedingt in Ruhe lassen!!!
- Vermeide alles, was Deinem Hund weh tun könnte oder was ihm lästig ist: Lass Augen, Ohren, Nase und Schwanz in Ruhe und akzeptiere, wenn er nicht mehr gestreichelt werden möchte oder nicht spielen will.

- Erschreck den Hund nicht aus Spaß! Er würde sich angegriffen fühlen und vielleicht beißen, bevor er gemerkt hat, dass Du es ja nur warst.
- Achte darauf, alles zu unterlassen, wodurch der Hund sich bedroht fühlen könnte. Das kann schon der Fall sein, wenn Du einen Stock oder Federballschläger vor ihm hoch hebst, wenn Du schnell auf ihn zu läufst oder wenn Du Dich über ihn beugst.
- Versuch nicht, den Hund ständig herum zu kommandieren. Auch Du fändest es sehr lästig, würde das jemand bei Dir tun.
- Arbeite gemeinsam mit Deinen Eltern oder einem Trainer mit Deinem Hund. Es wird ihm und Dir Spaß machen, und Ihr könnt so ein gutes Team werden.

Hunde sind kein Spielzeug

Manchmal vergisst man beim Spielen die Welt um sich herum. Spielt Dein Hund mit, gibt es ein paar Punkte, die Du nicht vergessen solltest, damit Euch beiden das Spiel Spaß macht.

- Spielst Du mit einem Hund, sollte immer ein Erwachsener in der Nähe sein, der Dir helfen kann, wenn das Spiel zu wild wird.
- Zwing den Hund nicht in eine Situation, gegen die er sich wehrt, die ihm vielleicht unheimlich ist. Hast Du ihm eine Rolle in Deinem Spiel zugedacht, die er nicht spielen will, musst Du das akzeptieren!
- Achte darauf, dass Deine Freunde den Hund nicht bedrängen oder festhalten! Wehrt er sich gegen sie, kann das sehr weh tun! Erklär ihnen, dass sie ihm nicht starr in die Augen sehen und sich nicht über ihn beugen dürfen.
- Wenn Kinder im Spiel laufen und schreien, fühlt der Hund sich eingeladen, mit zu toben. Er springt hoch, hält Dich fest und

spielt wild mit. Wird es Dir zu wild, bleib ruhig stehen und schau weg. Bitte einen Erwachsenen um Hilfe.

- Spiel nicht „Fangen“ mit dem Hund! Er kann Dich nur mit seinen Zähnen festhalten, und selbst wenn er das vorsichtig tut, hast Du leicht blaue Flecken oder ein Loch in der Jacke.
- Gegenstände, mit denen Du spielst, möchte er vielleicht fangen. Denk vorher daran, wenn Ihr Fußball oder Federball spielen wollt, und lass den Hund im Haus.
- Zerrspiele mit Tüchern, Stöcken oder Seilen sind für Kinder verboten! Bei solchen Spielen könnte ein Hund Dich versehentlich verletzen.
- Beim Spielen solltest Du Dich nicht kleiner machen als der Hund. Legst Du Dich auf den Boden und erlaubst Ihm, über Dir zu stehen, sagst Du ihm damit, dass er der Boss ist.

Fremde Kinder

Vieles, was bereits zum Besuchskind im Kindergartenalter ausgeführt wurde, gilt auch für Schulkinder, die zu Besuch kommen. Grundsätzlich sollte der Hund nicht unbeaufsichtigt beim Spiel der Kinder dabei sein. Auch das hundeunerfahrene Schulkind kann viele Fehler im Umgang mit dem Hund machen, selbst wenn es gar nicht vor hatte, Regeln im Umgang mit ihm zu brechen, denken wir nur an die diversen Möglichkeiten falsch zu deutender körpersprachlicher Kommunikation.

Im Spiel rangelnde oder tatsächlich streitende Kinder sind nach wie vor ein Problem, zumal diese Aktionen deutlich heftiger ausfallen können, als beim kleineren Kind.

Da die Kids auch räumlich zunehmend unabhängiger werden und durchaus an einem Nachmittag mehrfach den Ort des Spiels

Auch ein freundlicher Hund bewacht gegebenenfalls sein Territorium sehr ernsthaft. Korrektes Verhalten muss auch hier erklärt und verinnerlicht werden!

und auch den Spielpartner wechseln, ist damit zu rechnen, dass die Kinder spontan Freunde mitbringen, oder die Freunde von sich aus spontan im Garten stehen. Ein Hund, der dazu neigt, sein Territorium zu verteidigen, könnte in diesen Momenten keinen Spaß verstehen.

Wer um die Wachsamkeit seines Hundes weiß, tut gut daran, ihn sicher zustellen, wenn mit dem Besuch von Kindern gerechnet werden muss. Selbst das gut bekannte Nachbarskind kann für den Hund sehr plötzlich in seinem Heimbezirk auftauchen und im ersten Moment vielleicht gar nicht erkannt werden. Es ist wichtig, den Kindern zu erklären, wie ein Hund auf eigenem Territorium reagieren kann, damit sie sich nicht unnötig in Gefahr begeben. Dazu gehört auch, dass sie sich nicht über den Zaun lehnen oder die Hand durchstecken. Es sollte bei sehr wachsamen Hunden unbedingt darauf bestanden werden, dass alle Besucher für den Hund nachvollziehbar ins Haus gelassen werden.

Ein neuer Hund in der Familie

Die Integration eines neuen Hundes in eine Familie mit Schulkindern dürfte, wenn alle Voraussetzungen stimmen und die Auswahl des Hundes mit Bedacht geschieht, kein Problem sein. Das Kind kann, je nach Alter, aktiv mit planen, sich über Hunderassen informieren, Literatur ausfindig machen und sich über alle wichtigen Aspekte der Hundehaltung schlau machen. Gemeinsam könnten Hundeschulen, Züchter oder Tierheime besucht werden, um praktische Erfahrungen zu sammeln und das Vorhaben von vielen Seiten zu beleuchten. Die Teilnahme an Gruppenstunden, gegebenenfalls Welpenstunden, bevor ein Hund ins Haus kommt, ist sinnvoll. So wird der Hundeneuling auf ganz praktische Probleme des Alltags aufmerksam und kann sich zudem die Arbeit mit Hunden besser vorstellen. Gibt es die Möglichkeit, dass Kinder schon einige Male einen „Leihhund" im Unterricht führen dürfen, gehen sie mit einem ganz anderen Feeling an den Start, wenn der eigene Hund kommt.

Eltern und Kinder könnten gemeinsam den Alltag mit dem Hund planen und überlegen, wer welche Aufgaben übernehmen soll. Es sollte auch gleich überlegt werden, welche Unternehmungen mit Hund schwieriger sind und wie sich dafür Lösungen finden lassen. Durch eine konkrete Tagesplanung wird auch dem Kind klar, dass die Haltung des Tieres auch mit Einschränkungen für die Menschen verbunden ist. Die Kinder könnten zudem das Haus aus der Sicht des Hundes erforschen, um, besonders wenn ein Welpe angeschafft wird, Gefahrenquellen zu finden, bevor der Hund das tut.

Die gute Vorbereitung des Hundekaufs signalisiert dem Kind, dass nun die Verantwortung für ein Lebewesen übernommen wird, und dass man das nicht leichtfertig tun darf. Es übernimmt von Anfang an mit Verantwortung für ein anderes Lebewesen.

Damit die Eingewöhnungsphase für Kind und Hund besser klappt habe ich folgende Vorschläge für das Kind:

Die ersten Tage mit dem Hund

Stell Dir vor, es käme jemand, der Dir fremd ist, und dessen Sprache Du nicht verstehst, und würde Dich einfach mitnehmen in ein fremdes Land, in dem man völlig anders lebt, als bei Dir zu Hause. Du kennst dort niemanden, Du verstehst niemanden, alles ist anders und macht Dir vielleicht Angst. So ähnlich könnte sich Dein Welpe fühlen, oder auch ein erwachsener Hund, der bisher z.B. auf sich selbst gestellt am Strand von Mallorca lebte. Der Hund braucht nun Deine Hilfe, um sich in seiner neuen Umgebung zurechtzufinden! Dazu mache ich Dir folgende Vorschläge:

- Bedräng' den Hund nicht, auch wenn Du ihn gerne streicheln und in den Arm nehmen möchtest, um ihm zu zeigen, dass Du ihn magst.
- Gib ihm die Gelegenheit, seine neue Umgebung langsam zu erforschen, die neuen Gerüche und Geräusche kennen zu lernen.
- Deine Freunde solltest Du nicht alle auf einmal kommen lassen, auch wenn Du sehr stolz auf Deinen neuen Hund bist, und ihn gerne allen zeigen möchtest. Lass sie einzeln kommen und achte darauf, dass sie sich so verhalten, wie Du es gelernt hast.
- Bei einem erwachsenen Hund weißt Du nicht, welche bösen Erfahrungen er schon mit Menschen gemacht hat. Nimm langsam zu ihm Kontakt auf, versuch nicht, ihn festzuhalten oder zu irgendetwas zu zwingen.
- Dein Spielzeug ist für einen Welpen sehr interessant. Lässt Du es liegen, macht er es vielleicht kaputt (er spielt nämlich anders als Du) oder frisst es und wird eventuell sehr krank davon.
- Denk daran, dass Hunde viel besser hören als Menschen und vermeide deshalb unnötigen Lärm in seiner Nähe.
- Spielst Du mit einem Welpen, kann es passieren, dass er Deine Hand mit seinen spitzen Zähnchen zu fest hält, denn er weiß nicht, dass Deine Haut weniger aushält als das Fell seiner Geschwister. Unterbrich das Spiel, wenn er zu heftig wird, dann lernt er bald, mit Dir zu spielen, ohne Dir weh zu tun.
- Wird der kleine Hund ganz unruhig, sucht mit der Nase am Boden oder dreht sich im Kreis, muss er hinaus. Nimm ihn schnell und bring ihn dorthin, wo er sein Geschäft machen darf.
- Überlege mit Deinen Eltern, bevor der Hund ins Haus kommt, was er darf und was er nicht darf. Diese Dinge sollten dann auch von Anfang an so gehandhabt werden.

Pubertät

Explosive Entwicklung

Die von Eltern mit gemischten Gefühlen erwartete Pubertät beginnt zwischen dem 10. und 12. und endet etwa mit dem 20. Lebensjahr. Sowohl der Beginn, als auch der Verlauf der Pubertät werden nach neuesten Erkenntnissen genetisch gesteuert. Das lat. Wort „pubertas" bedeutet Geschlechtsreife. Diese Phase, bezeichnet das Reifen des Individuums mit dem Ziel der Geschlechtsreife zwecks Fortpflanzungsfähigkeit.

Es beginnen komplexe Veränderungen im hormonellen System und im Gehirn. Ein Teil, der im Kleinkindalter in großer Menge entstandenen Neuronen und bereits bestehende Verbindungen werden aufgelöst, neue Vernetzungen entstehen. Das Gehirn gleicht einer Baustelle. Alles, was bisher wichtig war, wird auf den Prüfstand gestellt, neues Verhalten wird etabliert.

Die Hirnanhangdrüse signalisiert dem Körper, Geschlechtshormone zu produzieren und ins Blut auszuschütten, bei Jungen Testosteron, bei Mädchen Östrogen. Diese Geschlechtshormone werden zu Beginn in deutlich erhöhten Konzentrationen ausgeschüttet, wodurch es zur Ausbildung der sekundären Geschlechtsmerkmale und enormen Wachstum kommt. Verändert, und zudem schwankend, ist auch die Abgabe von Stresshormonen und Hormonen der Schilddrüse.

Dass ein solcher Umbruch des hormonellen Systems im Körper auch für das Verhalten Konsequenzen haben muss, versteht sich von selbst. Starke Stimmungsschwankungen, Selbstzweifel, Angst zu versagen oder das Bedürfnis sich abzugrenzen, sein eigenes Ding zu machen, stressen die Jugendlichen selbst genauso, wie alle, die sie in dieser Entwicklungsphase begleiten. Ihr Körper, ihr Denken und Empfinden verändert sich und auch ihre Rolle in Familie und Gesellschaft. Der Berg des zu Bewältigenden, die Unsicherheit, was die Zukunft bringt und ob man das alles schaffen wird, lässt das Selbstbewusstsein und die innere Ausgeglichenheit leiden.

Probleme mit den Eltern

Eltern sind nicht weniger zerrissen in dieser Zeit. Selbst, wenn sie bisher dachten, dass sie ein gutes Verhältnis zu ihren Kindern haben, dass das Familienleben harmonisch ist, wird aus dem bis jetzt so netten und verständigen Kind recht plötzlich ein Kaktus, dessen Umarmung Verletzungsgefahr birgt und zuweilen schwer fällt. Das Kind grenzt sich ab, zunehmend bewusst, fühlt sich schnell missverstanden und angegriffen. Kritik ist tödlich, Ratschläge sind nicht gefragt. Man will und muss seine eigenen Erfahrungen machen, nicht die der Eltern übernehmen. Der Spagat zwischen Nähe bieten und Distanz akzeptieren, zwischen Grenzen setzen und Freiheit gewähren, ist nicht wirklich leicht.

Meine 22jährige Tochter erklärte mir neulich, als sie so ungefähr 14 Jahre alt war, sei ich total zickig gewesen. Es fiel ihr fast gleichzeitig auf, was sie da sagte, und wir konnten lange darüber lachen. Als sie 14 war, war mir nicht immer zum Lachen zumute, ebenso wenig, wie bei ihren beiden Schwestern und ihrem Bruder. Nach 20 Jahren kontinuierlicher Pubertät meiner Kinder weiß ich, dass man es übersteht. Es ist wie Bücher schreiben – es ist nur anstrengend, wenn man mitten drin ist. Ist man durch, ist alles prima.

Beziehungen verändern sich

Alle Beteiligten müssen ihre neuen Rollen im sozialen System finden und hineinwachsen. Lob, Anerkennung und Wertschätzung sind für die jungen Menschen wichtige Faktoren, um ein gesundes Selbstwertgefühl zu entwickeln. Regeln und sinnvolle Grenzen helfen ihnen, auf einem guten Weg zu bleiben, auch wenn sie oft nur mühsam akzeptiert werden.

Weniger anstrengend und nervend als Eltern, Lehrer und Erzieher ist, gerade in dieser Lebensphase, der Hund. Er nörgelt nicht, ermahnt nicht, ihm ist die Kleidung egal, und wenn ihm die Musik zu laut wird, geht er einfach raus. Er stellt keine Anforderungen, außer der Erfüllung seiner elementaren Bedürfnisse. Diese formuliert er klar und analog und lässt sich nicht auf Diskussionen ein. Dadurch erfüllt er in dieser Entwicklungsphase, in der die Beschäftigung mit sich selbst sehr im Vordergrund steht, eine wichtige Aufgabe. Er ist auf seine Menschen angewiesen und muss zuverlässig versorgt werden. Der junge Mensch, der in seiner Rolle als zunehmend erwachsenes Familienmitglied ernst genommen werden möchte, ist hier in der Verpflichtung, zuverlässig zu handeln und ein anderes Individuum in seinen Bedürfnissen ebenfalls ernst zu nehmen.

Partner oder Konkurrenten

Da die Kids in jeder Hinsicht immer erwachsener werden, ist ihre Chance, vom Hund als weisungsbefugtes Gruppenmitglied wirklich ernst genommen zu werden, immer größer. Dies ist freilich nur dann der Fall, wenn sie dem Vierbeiner gegenüber entsprechend selbstsicher und souverän auftreten. Die Arbeit mit dem Hund, Erfolgserlebnisse in seiner Ausbildung, vielleicht sogar Prüfungserfolge, aber ebenso gemeinsame Unternehmungen im Alltag, können sehr positiv zur Entwicklung des Jugendlichen beitragen.

Der „Kuschelfaktor" in der Beziehung zum Hund hat in diesem Alter mindestens die gleiche Bedeutung, wie beim jüngeren Kind. Nähe und Zuwendung sind elementare Bedürfnisse und sollten in keiner Familie zu kurz kommen. Die Haut ist ein sehr wichtiges

Sinnesorgan. Positive Berührungen setzen Oxytocin, eventuell auch Endorphine frei, die innerhalb kürzester Zeit eine aufmunternde und beruhigende Wirkung haben. Das Stresshormon Cortisol wird reduziert.

Wenn die Eltern gerade ziemlich blöd sind, sucht man nicht unbedingt körperliche Nähe zu ihnen. Zudem sind besonders Jungs in dieser Phase total cool und haben solche Nähe ja gar nicht nötig. Wie gut, wenn der Hund die Nähe braucht, man ungeniert mit ihm auf der Couch liegen und kuscheln oder auf dem Boden herum raufen kann! Mein Sohn genoss es in dieser Zeit sehr, wenn wir Welpen hatten, und man mit ihnen auf dem Boden sitzen, kuscheln und spielen konnte. Sein Einsatz war ja ganz wichtig für die Welpen! Er fand es übrigens auch total cool, wenn eine wohlerzogene Hündin ihn beim Joggen begleitete und draußen in jeder Situation mit vorbildlichem Gehorsam ihm gegenüber glänzte.

Nicht jede Beziehung zwischen Hunden und Jugendlichen muss positiv sein! Eine Problematik, die häufig anzutreffen ist, ist die Konkurrenz zwischen heranwachsenden Jungs und unkastrierten Rüden. Die Spannung zwischen ihnen drückt sich z.T. nur darin aus, dass der Rüde sich plötzlich genau überlegt, ob er einer Anweisung des Jungen folgen soll, ihm etwas her gibt oder aus dem Weg geht. Gelegentlich kommt es aber auch zu regelmäßigen Drohgesten oder sogar zu körperlichen Grenzüberschreitungen, bis hin zu Bißverletzungen. Dieses Verhalten wird nicht nur heranwachsenden Jungs der eigenen sozialen Gemeinschaft gegenüber gezeigt, sondern auch, bzw. manchmal nur, gegenüber Freunden, die zu Besuch kommen. Tritt solches Verhalten auf, ist dringend darüber nachzudenken, welche Position der Hund im sozialen System hat! Die Erwachsenen sind hier in der Pflicht, klare Grenzen zu setzen, die Söhne im Umgang mit dem Rüden zu unterstützen und die Pöbeleien gegenüber den Freunden zu verhindern. Es kann nicht angehen, dass Jungendliche in Gefahr geraten, weil ein Rüde aufgrund seiner hormonellen

Manchmal fällt es schwer in dem Alter, aber die Hunde ermöglichen es, Nähe zu genießen und zu entspannen.

Gleiche Interessen lassen Freundschaften entstehen.

Situation und vielleicht mangelnder Erziehung seinen Platz im Ranggefüge nicht kennt! Hilfreich kann sein, wenn Jungen mit dem Hund gezielt und unter Aufsicht eines kompetenten Trainers arbeiten. Beschäftigungen, die dem Hund besonderen Spaß machen, wie vielleicht Apportieren, Mantrailing oder Agility, die zu Erfolgserlebnissen für beide führen, können das Verhältnis oft wieder in die richtigen Bahnen lenken.

Von einer ähnlichen Konkurrenzsituation zwischen heranwachsenden Mädchen und Hündinnen ist mir nie etwas bekannt geworden. Auch Beißstatistiken geben keinen Hinweis darauf. Mädchen in diesem Alter sind eher der Hit für die Hunde. Sie finden ohnehin alles „süß", toben ein offensichtlich vorhandenes Pflegebedürfnis vorzugsweise an Pferden aus, nehmen sich aber auch des Hundes gerne an. Sie sind normalerweise selbstständig genug, um mit dem Hund alleine etwas zu unternehmen und beide genießen das. Wenn meine Tochter Cornelia in der zweiten Etage ihre Laufsachen anzog, hatte unsere Hündin Maya die Chance auf den gemeinsamen Ausflug grundsätzlich bereits realisiert und saß schon ungeduldig unten an der Treppe.

Auch das Bedürfnis zu Kuscheln und vor sich hin zu träumen, ist durchaus ausgeprägt. Stundenlang darf mancher Hund mit auf dem Bett liegen und die Lieblingssendung mit ansehen, oder beim Telefonat mit der Freundin zuhören. Zudem entwickeln viele Mädchen in diesem Alter ein großes Bedürfnis zu erziehen. Zuweilen finden sie sogar den Weg in die Hundeschule und sind dort mit großem Ehrgeiz dabei. Ihre Probleme mit Rüden entstehen eher, wenn Verehrer auftauchen, die vom Hund kritisch beobachtet, gegebenenfalls mit den oben beschriebenen Unfreundlichkeiten bedacht werden.

Selbst wenn Grenzüberschreitungen zu starker Rüden meist bei männlichen Heranwachsenden auftreten und die Mädels normalerweise selten Probleme haben, ist die Zugehörigkeit zum weiblichen Geschlecht keine Garantie, dass solche Unverschämtheiten nicht

Rollenwechsel: Gerade junge Mädchen sind häufig begeistert davon, die Verantwortung für ein Tier übernehmen zu dürfen.

vorkommen, insbesondere bei halbstarken Rüden, wie folgendes Beispiel zeigt:

Meine Tochter Maria war 17 Jahre alt, als wir einige Tage einen Dobermannrüden zur Pflege hatten. Zeus war 18 Monate alt und im Training eher ein Streber. Dreistes Verhalten seinerseits hatte ich bis dahin nie gesehen, war mir auch aus seiner Familie, zu der auch Kinder gehörten, nicht bekannt. Ich hielt ihn also für einen freundlichen Zeitgenossen, der für meine Kinder keine Gefahr darstellte.

Unser Garten ist vom Innenhof nur bedingt einsehbar. Während ich im Hof Freunde begrüßte, hörte ich plötzlich dezente Hilferufe meiner großen Tochter im Garten. Als ich nachsah, traute ich meine Augen nicht: Zeus hatte Maria in eine Ecke des Gartens gedrängt und gestellt, und dies mit so ernsthaften Signalen, dass Maria es nicht mehr wagte, sich zu bewegen. Als er mich sah, brach er sein Verhalten sofort ab und wuselte eifrig mit Demutsgesten um mich herum. Obwohl Maria erfahren und souverän im Umgang mit Hunden war, hatte sie keine Chance, alleine diese Situation zu bewältigen. Obwohl sie sofort im Anschluss an den Vorfall unter meiner Aufsicht mit dem Rüden arbeitete und er sich dabei wieder extrem folgsam und freundlich zeigte, gab es am nächsten Tag eine ähnliche Situation. Maria war so beeindruckt, dass sie bis heute Probleme mit Hunden hat, die eine ähnliche Ausstrahlung haben.

Da die Pubertät, wie oben ausgeführt, eine sehr sensible Entwicklungsphase ist, in der das, was der Jugendliche erlebt, für sein zukünftiges Verhalten wegweisend ist, haben besondere Erlebnisse auch besondere Bedeutung. Neue Vernetzungen im Gehirn entstehen natürlich aufgrund aktueller Erlebnisse, aufgrund aktuellen Lernens. Es ist die letzte Phase im Leben mit so intensiver Lernwirkung.

Was ich damals noch nicht wusste ist, dass der Rüde auch zuhause Grenzen überschritt. Später biss er die halbwüchsigen Söhne der Familie und seine Besitzerin mehrfach. Ein Verbleib in der Familie war, auch mit viel Arbeit, nicht möglich.

Kinder im Training

Einbeziehung der Kinder in das Trainingskonzept

Familien mit Kindern und Hund gehören durchaus zur normalen Klientel jedes fachkundigen Beraters in Sachen Hund. Da wir weder in der Beratung noch in erforderlichen Interventionen das soziale Umfeld des „Patienten" außer acht lassen können, ist es wichtig, das soziale System des Hundes als Ganzes wahrzunehmen und zu berücksichtigen. Zu diesem System gehören die Kinder ebenso, wie die Erwachsenen oder andere Haustiere. Die Meinung, dass sich Kinder aus der Erziehung von Hunden herauszuhalten haben, hört man mittlerweile zum Glück nicht mehr so oft. Die Idee, dass das Kind immer in der Rangordnung über dem Hund stehen müsse, geistert noch unreflektiert in vielen Köpfen herum.

Innerhalb einer Hausgemeinschaft muss jedes Kind dem Hund irgendwie begegnen, egal, ob es sich besonders zu ihm hingezogen fühlt, oder nicht. Ein grundsätzliches Ignorieren ist schlicht nicht möglich! Was soll ein Kind tun, dem der Hund das Brot oder den Teddy stehlen möchte, wenn es ihn nicht reglementieren darf? Wie soll es verhindern, dass er mit zur Tür raus läuft, wenn es keine Kommandos geben darf? Was soll es tun, wenn es den Schuh gerne anziehen würde, auf dem der Welpe gerade herum kaut? Wird das Kind nicht in die soziale Gemeinschaft mit dem Hund integriert, bringt man ihm nicht bei, wie es sich dem Vierbeiner gegenüber zu verhalten hat, leben beide bestenfalls nebeneinander aber nicht miteinander.

Berücksichtigen wir die Bedeutung des Hunds für die Entwicklung und Erziehung des Kindes und schauen wir uns an, wie viele Familienhunde die gemeinsamen Aktionen mit den Kids genießen, so ist ganz klar, dass nur ein Miteinander Sinn haben kann.

Um die Einbeziehung der Kinder in das Trainingsprogramm zu erleichtern, sind in den entsprechenden Kapiteln Hinweise zum Stand der Entwicklung der Kinder und ihrer kommunikativen, kognitiven und emotionalen Fähigkeiten zu finden. So kann der Versuch, Erwachsene, Kinder und Hunde zu einer funktionierenden Einheit zu geleiten, vielleicht noch besser gelingen.

Um die familienbezogene Situation, in der der Hund lebt, und somit gegebenenfalls Ursachen für auftretende Probleme oder Hinweise für potenzielle Probleme, besser erfassen zu können, kann folgender Fragenkatalog, der selbstverständlich keinen Anspruch auf Vollständigkeit hat, vielleicht hilfreich sein:

Checklisten für die Anamnese

Klärung des Beratungsauftrags

- Warum wird die Hilfe eines fachkundigen Beraters gesucht?
- Gibt es Problemsituationen?
- Wie werden die Probleme konkret beschrieben?
- Seit wann treten sie auf?
- Was soll erreicht werden?

Hund

Aktuelle Situation

- Rasse / Schlag
- Geschlecht
- Alter des Hundes
- Temperament des Hundes
- Wann kam der Hund in die Familie?
- Gibt es andere Hunde, andere Tiere im Haushalt?
- Wo wird der Hund gehalten? (Haus, Zwinger, Garten, ...)

- Wie viel Kontakt hat er zur Familie?
- Wie wird er beschäftigt? (rassespezifische Auslastung?)
- Hat er Kontakt zu anderen Menschen?
- Hat er Kontakt zu Hunden?
- Sind Erkrankungen bekannt? (z.B. Gelenkerkrankungen, Stoffwechselstörungen, Herzprobleme, ...)
- Entspricht die Fütterung seinem Bedarf? (z.B. Rohproteingehalt)
- Zeigt der Hund sich grundsätzlich vertraut und freundlich den bekannten Menschen/ dem Trainer gegenüber?
- Ist er eher distanziert?
- Wirkt er sicher?
- Zeigt er sich unsicher oder ängstlich?
- Zeigt er Tendenzen zu Aggressionsverhalten?
- Verändert sich dieses Verhalten in unterschiedlichen Umweltsituationen?
- Verändert sich das Verhalten in Anwesenheit bestimmter Menschen?

Ontogenese

- Wo hat er die ersten Lebenswochen verbracht?
- Wie war die Aufzuchtsituation dort?
- War die Mutter bei den Welpen?
- Was ist über das Verhalten der Mutter, evtl. des Vaters bekannt?
- Lebten weitere Hunde in dieser sozialen Gemeinschaft?
- Hatten die Welpen Kontakt zu anderen Hunden der Lebensgemeinschaft?
- Hatten sie bereits Kontakt zu anderen Hunden?
- Gab es ausreichenden Kontakt zu Menschen?
- Hatte der Welpe bereits Kontakt zu Kindern unterschiedlichen Alters?
- Wie war die Umweltsituation?

- Gab es vielfältige Reize für die Welpen?
- Hatten sie Ruhe- und Rückzugsmöglichkeiten?
- Wann wurden die Welpen abgegeben?
- Wie verlief die Eingewöhnung?
- Hat er an einer Welpengruppe teilgenommen?
- In welcher sozialen Situation fand die Jugendentwicklung statt?
- Gab es Besonderheiten im Verhalten des jungen Hundes?
- Gab es Krankheiten oder Entwicklungsstörungen, die soziales Lernen und Umweltlernen einschränkten?
- Gab es traumatisierende Erlebnisse?

Der Hund in der Familie

- Wie viele Familienmitglieder gibt es?
- Wer ist Hauptbezugsperson für den Hund?
- Sind alle Familienmitglieder mit der Anwesenheit des Hundes einverstanden?
- Wie alt sind die Kinder?
- Gibt es kranke Kinder in der Familie?
- Welche Interaktionen mit dem Hund sind den Kindern aufgrund ihres Entwicklungsstandes möglich?
- Welche alltäglichen Probleme entstehen durch die aktuelle Entwicklungsphase der Kinder?
- Wie kontrolliert ist ihre Motorik?
- Können sie bereits Erklärungen verstehen?
- Können sie Regeln verstehen und einhalten?
- Wie viel Kontakt hat der Hund mit den Kindern?
- Übernehmen sie Aufgaben bezüglich seiner Versorgung?
- Ist er in die soziale Gemeinschaft integriert?
- Wird er ausgegrenzt?
- Wird er zeitweise sichergestellt? Wie?
- Hat er Ruhe- und Rückzugsmöglichkeiten?
- Wer erzieht und beschäftigt den Hund?

- Gibt es klare Absprachen bezüglich der Erziehung des Hundes in der Familie?
- Wer spielt mit dem Hund?
- Wie wird gespielt?
- Sind die Kinder mit dem Hund alleine?
- Sind sie nur gelegentlich in einem Raum alleine oder alleine in Haus oder Wohnung?
- Wie lange sind sie mit dem Hund alleine?
- In welcher Situation des Tagesablaufs sind sie alleine?
- Ist der Hund dann bereits ausgelastet und müde?
- Ist der Hund dann erwartungsvoll und voller Tatendrang, weil er vorher vielleicht alleine war?
- Gibt es in den unbeaufsichtigten Phasen Probleme?
- Wie beschreiben die Kinder diese Probleme genau?
- Arbeiten die Kinder mit dem Hund?
- Arbeiten sie unter Anleitung der Eltern, selbstständig oder unter Anleitung eines Trainers?
- Gehen die Kinder mit ihm spazieren?
- Können sie den Hund halten?
- Zeigt er Gehorsam gegenüber den Kindern?
- Können die Kinder bereits Umweltsituationen überblicken und vorausschauend handeln?
- Gibt es bei Hundespaziergängen Begegnungen mit anderen Hunden?
- Wie reagiert der Hund auf andereHunde?
- Gibt es problematische Hundebegegnungen?
- Wie reagiert der Hund auf Kinder oder Jugendliche, die zu Besuch kommen?
- Hat sich die Familiensituation bzw. die Situation des Hundes in letzter Zeit verändert?

Kinder als Begleiter der Eltern im Gruppentraining

Bei Erstgesprächen am Telefon werde ich oft gefragt, ob denn auch die Kinder mal zum Unterricht mitkommen dürften. Selbstverständlich dürfen die Kinder bei uns mitkommen! Sie dürfen die Eltern begleiten und zusehen, sie dürfen, je nach Alter den Hund führen, sie dürfen Fragen stellen, beobachten und uns gelegentlich helfen. Es gibt kaum eine bessere Möglichkeit der Einflussnahme des Trainers auf die Familienmitglieder, als wenn diese, zumindest gelegentlich, dabei sind. Es ist etwas anderes, ob ich Situationen miterlebe, Verhaltensbeobachtungen und Erläuterungen dazu selbst wahrnehme, aktuell Fragen stellen und Ideen einbringen kann, oder ob Mutter oder Vater nach Hause kommt und mir erklärt, was ich wie zu machen habe. Gerade in Entwicklungsphasen, in denen Eltern sowieso permanent hinterfragt werden, zählt das Wort des kompetenten Trainers und die eigene Erfahrung mehr, als Erklärungen und Anweisungen der Eltern.

Häufig ergeben sich Momente, in denen korrekturbedürftiges Verhalten der Kids auffällt, und so ganz nebenbei aufgegriffen werden kann. Die Kinder lernen auch dadurch, dass sie nicht nur den eigenen Hund und seinen Menschen, sondern auch andere Teams beobachten, schauen also über den Tellerrand hinaus, erhalten dadurch Denkanstöße oder neue Ideen. Dass der Vierbeiner dabei nicht ständig zwischen den Familienmitgliedern hin und her gereicht wird, versteht sich von selbst. In jeder Stunde führt nur eine Person den Hund, der Rest der Familie schaut zu und speichert ab. Ebenso wie Eltern in den Kindergruppen nicht dazwischen reden und ihre Sprösslinge korrigieren und nerven dürfen, haben sich auch die Kids und evtl. die Partner in Zurückhaltung zu üben. Nur so kann es gehen, denn meine Co-Trainer suche ich selbst aus.

Kinder in Welpen- und Junghundstunden

Gerade in den Welpen- und Junghundstunden bin ich sehr dankbar, wenn Kinder unterschiedlichen Alters anwesend sind! Natürlich gelten auch hier die eben angeführten Gründe, der Gewinn für manchen jungen Hund kommt aber hier noch dazu. Nicht jeder kleine Hund hat ausreichende Erfahrungen mit Kindern. Es ist deshalb von unschätzbarem Wert, kann er in geschützter Atmosphäre und in wohl gelenkten Situationen, Menschenkinder kennen lernen. Meist haben die Kids großen Spaß daran, wenn sie um Mithilfe gebeten werden. Sie können z.B. mit den fremden Hunden auf sinnvolle Weise Kontakt aufnehmen, sie streicheln, bei Bedarf füttern. Sie können optische und akustische Reizquellen bedienen, oder selbst quietschend durch die Gegend tollen. Ihr Augenmerk wird dabei auf die anwesenden Hunde gelenkt, die sie so gut beobachten müssen, dass ihre Aktionen für das einzelne Individuum nicht bedrohlich werden. Die Kinder lernen zu beobachten und empathisch zu agieren und zu reagieren. Interventionen des Trainers werden meist sofort befolgt. Die Notwendigkeit ernster Worte, gibt es sehr selten. Alle können von diesen Trainingssituationen profitieren!

Spezielle Kindergruppen

Unterricht für Kinder bedeutet nicht nur Spaß und sinnvolle Beschäftigung, es ist auch ein wichtiger Beitrag zur Unfallprävention. Seit vielen Jahren haben wir in unserem normalen Trainingsprogramm Kindergruppen. Kinder ab ca. 8 Jahren dürfen hier teilnehmen. Den eigenen Hund dürfen sie in dieser Gruppe führen, wenn er gegenüber Menschen und Hunden verträglich ist, da natürlich ein unverträglicher Hund nicht in die Hände von Kindern und schon gar nicht in eine solche Gruppe hinein gehört. Zudem muss der Hund ein

Alter von mindestens 6 Monaten haben, da vorher altersspezifische Gruppen für den Hund wichtiger sind. Hunde, die hier mitarbeiten dürfen, sind uns immer bekannt und haben zumindest einige Stunden mit einem Erwachsenen an Gruppenstunden teilgenommen, um ihr Verhalten einschätzen zu können. Ist der eigene Hund nicht geeignet, darf einer unserer Hunde geführt werden, damit das Kind eine Chance hat, wichtige Elemente des Umgangs mit dem Hund zu lernen.

In diesen Stunden wird über Hundeverhalten und über Menschenverhalten gesprochen, die Hunde werden im Spiel beobachtet, wobei ihr Verhalten möglichst genau analysiert wird. Probleme des Alltags werden erfragt und gemeinsam besprochen, so dass alle davon profitieren können.

Alles, was das Team lernen und im Alltag beherrschen soll, wird erarbeitet. Dazu zählt die Leinenführigkeit ebenso, wie das Sitzen- oder Liegenbleiben. Bei Hunden, die noch viel Trainingsbedarf haben, die zu stark sind für ihr Kind oder noch nicht gut leinenführig sind, wird als Hilfsmittel meist ein Gentle Leader eingesetzt. Es ist für die Beziehung zwischen Kind und Hund wichtig, dass die Übungen erfolgreich sein können. Nur so kann es beiden Spaß machen, nur so wird ein gutes und sicheres Team aus ihnen.

Die Körpersprache des Kindes wird bewusst aufgebaut und eine klare Kommunikation gegenüber dem Hund wird angestrebt. Das Erarbeiten kleiner Kunststücke oder die Arbeit auf dem Agility Parcours sind besonders beliebt bei den Kindern. Ergibt sich die Gelegenheit, das Erlernte bei Veranstaltungen wie Sommerfesten, Messen oder in Seniorenheimen vorzuführen, sind die Kids mit Begeisterung dabei. Sie sind stolz auf ihre Arbeit und natürlich auf ihre Hunde.

Eltern müssen sich normalerweise am Rande aufhalten oder ganz außer Sicht gehen, um den Sprösslingen eine Chance zu geben, dass der Hund sich auf sie konzentriert. Da die meisten Kinder sich in diesen Stunden ausnehmend gut konzentrieren, viele Inhalte des theoretischen Lernstoffs behalten und der Hund meist gute Fortschritte bei ihnen macht, werden die Eltern ohnehin zuhause mit dem Gelernten konfrontiert. Nicht selten werden sie regelmäßig ermahnt, wenn sie mal wieder „alles falsch" machen. Meist arbeiten die Hunde nach kurzer Zeit besser mit den Kindern als mit den Eltern!

Spezialangebote für Kinder

Neben den normalen, regelmäßig stattfindenden Kindergruppen gibt es viele Möglichkeiten, für Kinder interessante Aktionen mit dem Hund anzubieten.

Intensivkurse mit einer Dauer von zwei bis drei Tagen, sind hier immer beliebt gewesen. An diesen Tagen wird besonders intensiv über Hundeverhalten und über Unfallprävention gesprochen. Die Kommunikation zwischen Kind und Hund ist ein ebenso wichtiges Element, wie der Spaßfaktor durch Spiele und Kunststücke.

Besonders beliebt sind „Abenteuertage", bei denen Kinder und Hunde auch gemeinsam in Zelt oder Scheune übernachten dürfen. Dass es sich hier um aufsichtsintensive Veranstaltungen handelt, versteht sich von selbst.

Fast alles, was für den erwachsenen Hundeführer angeboten wird, kann auch speziell für Kinder auf dem Programm stehen. Apportieren, Fährtenarbeit oder Agility eignen sich ebenso für junge Hundeführer, wie spezielle Beobachtungstrainings. Ausflüge mit Kindern und Hunden sollten nur in Begleitung mehrerer Erwachsener stattfinden. Selbst, wenn Kinder und Hunde fit und „ leichtführig" sind, wissen wir nicht, was uns draußen begegnet!

Bietet man regelmäßig Prüfungen für die Kind-Hund-Teams an, sind die Kinder hoch motiviert, darauf hin zu arbeiten. Sie sind mit Recht stolz, wenn sie diese Hürde mit Ihrem Hund geschafft haben, denn sie haben bis dahin viele Fähigkeiten und viel Wissen in Bezug

Konzentration, klare Kommunikation und Freude am Tut bestimmen meist das Miteinander von Kind-Hund-Teams in den Kindergruppen.

auf den Hund und den Umgang mit ihm erworben. Die Kollegen, die den Hundeführschein für Kids bisher abnahmen, waren stets begeistert und wünschten sich solche Leistungen bei ihren erwachsenen Teilnehmern.

Die Arbeit mit Kind und Hund stellt versicherungstechnisch sicher ein Problem dar, selbst wenn die Eltern unterschreiben, dass das Training auf eigenes Risiko stattfindet. Den Eltern muss klar sein, und das gibt man ihnen am besten schriftlich, dass auch Trainer nur zwei Hände und zwei Augen haben und dass es, wie im Umgang mit Lebewesen immer, unvorhersehbare Situationen geben kann. Trainingsinhalte und geplanter Trainingsablauf sollten ihnen ebenfalls bekannt sein. Jeder Trainer, der solche Angebote im Programm hat, sollte sich mit seiner Betriebshaftpflichtversicherung darüber unterhalten.

Unfallprävention durch Unterricht in Kindergarten und Schule

Da es viele Möglichkeiten gibt, wie Kinder unterschiedlichen Alters in unfallträchtige Situationen mit Hunden geraten können, ist es sinnvoll, ihnen Hundeverhalten nahe zu bringen. Nur so kann ihnen das nötige Wissen vermittelt werden, um das eigene Verhalten Hunden gegenüber zu reflektieren und zu steuern. Zunehmend sind Schulen und Kindergärten dankbar, wenn man sich als Trainer der Thematik annimmt und die eine oder andere Stunde gestaltet. Das hat sich in den letzten 25 Jahren erfreulich positiv verändert, und mittlerweile dürfen auch fast immer Hunde mit in die Klassen- oder Gruppenräume gebracht werden.

Wer wenig Erfahrung mit Kindern hat, sollte sich von den zuständigen Lehrern oder Erziehern genaue Informationen darüber einholen, auf welchem Niveau erklärt werden kann, und wie lange die Konzentrationszeit der Kinder ist. Es ist keine gut investierte Zeit, wenn über die Köpfe der Kinder hinweg geredet wird. Interaktiver Unterricht, bei denen die Kinder eigene Erfahrungen und eigenes Wissen einbringen können, ist für sie spannender als lange Vorträge. Regeln für den Umgang mit Hunden und für korrektes Verhalten bei Begegnungen mit fremden Hunden unterwegs, können gemeinsam mit den Kindern erarbeitet werden.

Hunde, die von den Kindern gestreichelt werden dürfen, die etwas vormachen oder sogar ein Stück an der Leine geführt werden dürfen, sind schlicht der Hit. Vieles lässt sich durch die Anwesenheit eines Hundes gut demonstrieren. Sein Gebiss wird meist ebenso bestaunt, wie die Fähigkeit, im Klassenraum versteckte kleine Futterbröckchen zu finden. Das Thema Hund wird durch solche Aktionen bei den Kids positiv besetzt, sie sprechen oft noch nach Wochen die Lehrer darauf an, und manches Kind traut sich in diesen Stunden sogar den Hund zu streicheln, obwohl es eigentlich panische Angst hat.

Einsatz des Hundes in Pädagogik und Therapie

Als ich 1976 als Erzieherin im Anerkennungsjahr meine Schwerpunktarbeit zum Thema „Bedeutung der Tierhaltung im Internat" schreiben wollte, bedurfte es langwieriger Überzeugungsarbeit, bis ich mich diesem „exotischen" Thema widmen durfte. Mittlerweile ist durch ein breites Spektrum von Forschungsarbeiten die besondere Bedeutung eines Tieres für die Entwicklung und das Wohlbefinden des Kindes und Jugendlichen hinreichend belegt. In der tiergestützten Pädagogik und tiergestützten Therapie werden diese Erkenntnisse gezielt genutzt. Tiere als Miterzieher und Co-Therapeuten finden zunehmend den Weg in Einrichtungen, wo dies vor wenigen Jahren noch unmöglich schien. Der Hund spielt hierbei noch einmal eine besondere Rolle, allein schon dadurch, dass er in vielen Lebenssituationen ohne Probleme anwesend sein kann.

Möglichkeiten des Einsatzes

Es gibt eine Vielzahl von Möglichkeiten, in denen Hunde gezielt zur Förderung von Kindern und Jugendlichen beitragen können. Sie agieren in der Therapie vielleicht als Türöffner für den Therapeuten, der, da das Tier Vertrauen zu ihm hat und zu ihm gehört, gerade bei Kindern einen Vertrauensvorschuss bekommt. Sie sind bereit, dem Tier ihre Sorgen und Ängste anzuvertrauen, mit dem Tier gemeinsam Dinge zu unternehmen, vor denen sie eigentlich Angst haben. Sie entspannen und öffnen sich in Anwesenheit des Hundes. Faszinierend war für mich der Bericht eines Kindertherapeuten, dessen Hund sogar eine Emailadresse hat, so dass die Kinder und Jugendlichen ihm schreiben können. Sie tun dies vertrauensvoll, obwohl ihnen rational natürlich klar ist, dass es nicht wirklich der Hund ist, der ihre Mails liest und beantwortet.

Geht es um Bewegungsförderung, so kann der Hund motivieren, für ihn etwas zu tun, z.B. etwas zu werfen, mit ihm etwas zu tun, oder ihm vielleicht etwas nachzumachen, z.B. durch etwas durch krabbeln, darüber balancieren, …

Logopäden können sich viele Dinge einfallen lassen, die das Kind motivieren, dem Hund oder über den Hund etwas zu erzählen, oder über die Dinge, die der Hund z.B. per apportierter Motivkarte bestimmt, zu sprechen. Kinder können einfach nur korrektes Sprechen üben, indem sie dem Hund Anweisungen geben, wobei sie sich besonders bemühen müssen, denn sonst versteht er sie ja nicht.

Mancher Hund begleitet die Kinder bei der Tagesmutter einfach nur durch den Tag oder ist regelmäßig im Kindergarten zu Besuch und bereichert dort den Alltag. Im Heim oder Internat tröstet er über Heimweh hinweg oder fordert den einen oder anderen zu Bewegung und Spiel heraus.

Es ist egal, ob ein konkretes therapeutisches Ziel verfolgt oder der Hund schlicht als Mitglied der sozialen Gemeinschaft seine Aufgaben erfüllt. Er leistet einen wertvollen Beitrag zum Wohlbefinden und zur Erziehung der Kinder und Jugendlichen.

Voraussetzungen beim Hund

Für den Hund im pädagogischen und therapeutischen Einsatz gelten mindestens die gleichen Anforderungen wie wir sie bei der Anschaffung eines Familienhundes zugrunde legen. Anders als der Familienhund oder der Vierbeiner, der z.B. als Epilepsiehund ebenso in einem eher gleichbleibenden sozialen System lebt, müssen sich andere helfende Hunde meist immer wieder auf neue Individuen einstellen. Im therapeutischen Bereich entstehen sicher nicht so enge

Florian hat eine besondere Aufgabe: er bringt seiner Hündin bei, ihn am Rollstuhl zu begleiten.

Solche Momente lassen den Alltag mit all seinen Problemen weit in den Hintergrund treten.

Bindungen zwischen Hund und Patient wie in der Familie oder in beständigen Gruppen, in die der Hund integriert wird. Grundsätzlich ist aber auch hier eine andere Fluktuation gegeben als in der Familie. Hunde, die nicht sehr menschenbezogen und offen für neue Kontakte sind, haben hier ein Problem. Das kann beispielsweise für einen Hund mit schlecht verlaufener Sozialisierung, der sich immer nur langsam an neue Menschen gewöhnt, ein großes Problem sein!

Hunde, die in diesen Bereichen eingesetzt werden, brauchen eine sehr große Sensibilität, die gepaart sein muss mit einem hohen Maß an sozialer Sicherheit, Umweltsicherheit und Souveränität. Allein die Tatsache, dass sie sich immer wieder an neue Menschen und neue Arbeitssituationen gewöhnen müssen, ist ein großer Stressfaktor. Sie müssen gelegentlich Stresssituationen aushalten, die eben in ihrem Job vorkommen können, manchen Hund aber total überfordern würden. Für einen Hund, der in diesem anspruchsvollen Alltag tatsächlich überfordert ist, wird sein Job zur Qual. Hunde, die in permanentem Stress leben, werden krank, haben keine ausreichende Lebensqualität. Sie werden zudem unkalkulierbar in ihrem Verhalten, und so gegebenenfalls zur Gefahr für die, die eigentlich von ihnen profitieren sollen. Gestresste Hunde, die sich in den entsprechenden Arbeitssituationen nicht wohl fühlen, werden keine guten Leistungen erbringen, keine zuverlässigen Co-Therapeuten oder Co-Erzieher sein.

Ausbildung des Mensch-Hund-Teams

Eine fundierte Ausbildung des Hundeführers, der tiergestützte Interventionen anbieten möchte, ist Voraussetzung für das Gelingen. Wissen über die soziale Kommunikation des Hundes, über körpersprachliche Signale und Individualentwicklung ist ebenso wichtig, wie die nötigen Kenntnisse über die Anatomie und

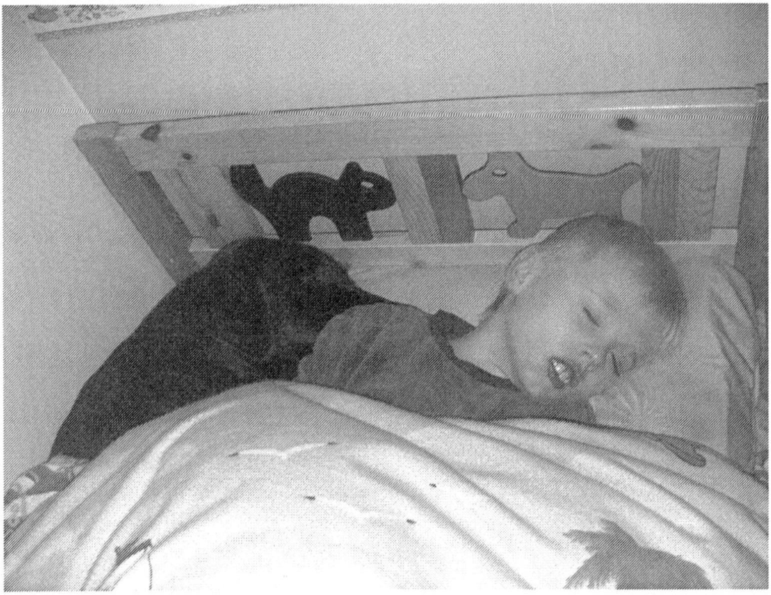

Hygienisch bedenklich? – Die Nähe des Hundes verhindert lebensbedrohliche Anfälle des Kindes.

Physiologie des Hundes, Hygiene und gesundheitliche Aspekte für Mensch und Hund. Die Beobachtungsfähigkeit des Hundeführers, die Fähigkeit, seinen Hund zu lesen und entsprechend zu agieren oder zu reagieren, müssen vorrangig geschult werden, um erfolgreiches Handeln zu ermöglichen. Jeder, der mit Hund und Mensch, insbesondere mit dem Kind arbeitet, muss in der Lage sein, die Stimmung seines Hundes jederzeit korrekt zu beurteilen! Fühlt sich der Hund zu sehr bedrängt, ist ihm eine Situation unangenehm, ist er vielleicht sogar der Aggression eines Kindes oder Jugendlichen ausgesetzt, ist die Gefahr, die dieser Moment birgt, sicher größer als der Nutzen. Nicht wahr genommene oder missverstandene Demutsgesten oder Abbruchsignale, nicht rechtzeitig abgebrochene oder umgelenkte Interventionen, können nicht nur zu Unfällen führen, sondern auch die Einsatzfähigkeit des Hundes nachhaltig beeinträchtigen. Ein Hundeführer, der aus Sicht des Hundes nicht vertrauenswürdig ist, auf den er sich nicht verlassen kann, der Leistungen fordert, die der Hund nicht erbringen kann, wird nie das bedingungslose Vertrauen seines vierbeinigen Kollegen genießen und sich nie auf eine zuverlässige Kooperation verlassen können.

Eine dem Einsatz des Hundes angemessenen Erziehung bzw. Ausbildung ist sicherlich Voraussetzung für eine vernünftige Arbeit, muss aber mit Bedacht geschehen! Die soziale Kompetenz des Hundes und seine Fähigkeit, eigenständig zu handeln, dürfen hierbei nicht geopfert werden. Der Hund soll sozialkompetenter Mitarbeiter, nicht Sklave sein. Ausbildungs- oder Prüfungsmethoden, bei denen er sich z.B. minutenlang von Fremden zu Boden drücken lassen muss, ohne sich zu mucksen, entbehren sicher der nötigen Kompetenz.

Seine Ausbildung sollte speziell auf sein Einsatzgebiet ausgerichtet sein. Nicht jeder Hund muss Hubschrauber fliegen können oder mit Jugendlichen Fußball spielen, nicht jeder muss geduldig auf dem Bett des kranken Patienten liegen können und Nähe gewähren. Der Hund, der die epileptischen Anfälle eines Kindes anzeigt, muss sozial sicher, nicht aber Sozialpartner für die Kids der ganzen Straße sein. Die Ausbildung muss den Anforderungen angepasst, möglichst regelmäßig kritisch überprüft, und bei Bedarf ergänzt werden. Supervisionen sind hilfreich.

Hunde leisten Erstaunliches im Einsatz für Menschen. Es gebührt ihnen Achtung dafür! Sie sind keine Werkzeuge, die eingesetzt und weggelegt werden. Dies ist in der Ausbildung entsprechend arbeitender Mensch-Hund-Teams nachhaltig zu vermitteln. Es ist auch Aufgabe des Pädagogen oder Therapeuten, diesen Aspekt gegenüber Kindern und Jugendlichen weiter zu geben.

Gesundheitliche Gefahren

Dass Kinder, die mit Tieren, insbesondere mit Hunden aufwachsen im Vergleich gesünder sind als andere Kinder, ist durch mehrere Studien belegt. Ihr Immunsystem ist belastbarer, sie sind aktiver, bewegen sich mehr im Freien als ihre Altersgenossen. Trotzdem sollte bedacht und im Alltag berücksichtigt werden, dass es Erkrankungen gibt, die vom Hund übertragen werden können. Besondere Vorsicht ist geboten, wenn das Immunsystem des Kindes nicht intakt ist! Hier könnten alle Erreger, die von Tieren oder anderen Menschen übertragen werden, zum Problem werden.

Um ein Kind, und insbesondere ein neugeborenes Kind, vor Erkrankungen durch den Hund zu schützen, ist eine regelmäßige Kontrolle des Tieres erforderlich. Dies muss nicht ständig, sollte aber auch gelegentlich, durch den Tierarzt geschehen. Jeder Hundebesitzer kann feststellen, ob sein Hund Ektoparasiten hat, bzw. dem Befall vorbeugen. Die Beschaffenheit und Unversehrtheit des Fells sind ebenso Indikatoren für die Gesundheit des Tieres, wie die Verdauung. Auch unangenehme Gerüche können darauf hinweisen, dass etwas nicht im Lot ist. Regelmäßige Entwurmungen, wozu es unterschiedliche Empfehlungen (auch fütterungsabhängig) gibt, sind ebenso dringend anzuraten wie die erforderlichen Impfungen. Ein Hund, der sorgfältig überwacht wird, wird eher kein besonderes Gesundheitsrisiko für ein Kind jeglichen Alters darstellen, jedenfalls nicht mehr, als die Menschen in seiner Umgebung.

Auch wenn der eine oder andere Bedenkenträger irritiert war, durften meine Hunde mit mir in die Kinderzimmer und meine Babys durften auch dort krabbeln, wo Hunde sich bewegten. Keines meiner Kinder hatte Würmer oder war sonst gesundheitlich von all den bösen Erregern, die ein Hund mit sich tragen kann, tangiert. Sie

Kinder und Jugendliche mit Hund bewegen sich mehr, sind mehr draußen als andere Kinder.

waren nie kränklich und litten nicht an Allergien. Ein Haushalt in dem sich Kinder und Tiere relativ frei bewegen dürfen, kann nicht steril sein. Und genau das ist, bei entsprechender Vorsorge, ein guter Beitrag zur Bildung eines guten Immunsystems.

Einige Infektionen, die zwischen Mensch und Tier, insbesondere dem Hund, übertragbar sind, sollen hier nur kurz genannt werden. Es ist selbstverständlich, dass jeder, der mit Hunden arbeitet, sich ausführlich darüber informiert, um rechtzeitig auf Probleme hinweisen zu können.

Zoonosen
Die Weltgesundheitsorganisation definiert Zoonosen als Krankheiten und Infektionen, die auf natürliche Weise zwischen Menschen und anderen Wirbeltieren übertragen werden können.

Man unterscheidet bezogen auf die Verlaufsrichtung zwischen:

- *Zooanthroponosen*: Die Infektion wird ausschließlich vom Tier auf den Menschen übertragen.
- *Anthropozoonosen*: Die Infektion wird fast ausschließlich vom Menschen auf Tiere übertragen.
- *Amphixenosen*: Die Infektion kommt sowohl beim Menschen als auch beim Tier vor und ist in beide Richtungen übertragbar.

Zoonosen können durch verschiedene Erreger ausgelöst werden und werden eingeteilt in:

- *Virusbedingte Zoonosen*: Hierzu zählen Tollwut und Leptospirose.
- *Bakterienbedingte Zoonosen*: Hier sind u. a. Campylobakteriose, EHEC, Salmonellose, Pasteurellose und Tuberkulose zu nennen.
- *Parasitenbedingte Zoonosen*: Hier sind sowohl Endoparasiten wie auch Ektoparasiten zu berücksichtigen.
- *Pilzbedingte Zoonosen*

Hunde aus dem Ausland können Erreger mitbringen, die hier noch nicht verbreitet sind. Z.T. sind ihre Erkrankungen auch relevant für die Gesundheit von Kindern. (s. z.B. Gansloßer, „Hunde aus dem Ausland“, Filander Verlag, 2011)

Zu erwähnen ist noch, dass bei Rohfütterung des Hundes, insbesondere wenn dies durch eine schwangere Bezugsperson erfolgt, unbedingt auf die Einhaltung ganz normaler Hygienemaßnahmen geachtet werden muss. In rohem Fleisch können Toxoplasmen und

Salmonellen vorkommen, letztere z.B. auch in Rohmilchprodukten oder Eiern. Bei der Zubereitung des Futters ist darauf zu achten, dass solche Erreger nicht beispielsweise durch unbedachte Doppelbenutzung des Messers oder Schneidebrettes verbreitet werden und so in Nahrungsmittel gelangen, die für den menschlichen Gebrauch gedacht sind. Auch die Ausscheidungen der Tiere, können entsprechende Erreger enthalten.

Schluss

Tiere, besonders Hunde, spielten in meinem Leben immer eine wichtige Rolle. Als Kind und junges Mädchen erkämpfte ich mir mit eiserner Beharrlichkeit den Umgang mit ihnen. Ich wollte sie verstehen, wollte mit ihnen kommunizieren können, ihnen nah sein. Ich las dazu, was mir in die Finger kam, beobachtete und lernte, die Theorie im praktischen Umgang wiederzufinden und zu berücksichtigen. Ich war ein einsames und schüchternes Kind, prädestiniert dafür, durch den Umgang mit dem Tier zu profitieren. Nähe und Vertrauen aber ebenso Grenzen, die ich im Umgang mit Hunden, Pferden, Vögeln Katzen oder auch Schildkröten erfuhr, ließen mich sicherer werden, ebenso mein Wissen über die Tiere, was ich nicht nur Gleichaltrigen, sondern auch den meisten Erwachsenen voraus hatte. Schließlich schaffte ich es sogar, meinen Traum zu verwirklichen, und mit Menschen und Tieren zu arbeiten.

Für meine vier Kinder war der Umgang mit Hunden und anderen Tieren immer selbstverständlich. Sie lagen bei den Hunden im Korb, saßen gemeinsam im Sandkasten, setzten sie in den Puppenwagen, teilten ihr Brot mit ihnen und probierten dafür das Hundefutter. Lisa und Conny liebten die Fahrradtouren zum Bach, von denen Kinder und Hunde stets gleichmäßig schmutzig zurück kamen. Fühlten die Kinder sich einsam, nahmen sie eine der Hündinnen mit in ihr Zimmer und Kind und Hund genossen die gemeinsamen Stunden.

Sie erlebten Dinge, die kein Schulbuch vermittelt, und dazu gehörten sicher auch die Geburten von Welpen. Bangen und Freude bei den Geburten, aber auch der Tod geliebter Hunde, ließen sie erfahren, dass wir nicht der Herr aller Dinge sind, dass nicht alles machbar ist.

Der Umgang mit Hunden war für meine Kinder immer etwas Normales, Selbstverständliches. Sie lernten von klein auf, ihr Verhalten zu beobachten und richtig einzuordnen. Problemen, insbesondere mit anderen Hunden, konnten sie so weitgehend aus dem Weg gehen. Sie akzeptierten sie immer als eigenständige Persönlichkeiten mit individuellen Fähigkeiten, Eigenschaften und Bedürfnissen. Auch wenn es natürlich enge emotionale Bindungen gab und gibt, sahen und sehen sie die Hunde, als das, was sie sind – Hunde.

Die problematische Stellung des Hundes in unserer Gesellschaft, zwischen Idealisierung und Hass, macht es uns schwer, einen Weg zu finden und zu vermitteln, auf dem der Hund wieder Hund sein darf. Naturentfremdung und überzogenes Sicherheitsdenken erschweren es, für Kinder sinnvolle Wege des Umgangs mit Tieren und der Natur zu finden. Im Umgang mit Lebewesen gibt es keine Vollkaskoversicherung, und der kindersichere Hund lässt sich auch nicht per Gesetz verordnen.

Können wir es schaffen, Kindern, die nie eine Kuh auf der Weide, nie einen Esel oder ein Schwein gesehen haben, die nicht wissen, wie sich das Fell eines Pferdes anfühlt oder was Mirabellen sind, die Himbeergeschmack nur noch vom Aroma des Joghurts kennen, Zusammenhänge in der Natur zu erklären? Können wir ihnen vermitteln, wie ein Hund funktioniert und warum? Ja! Wir können das nicht nur, wir müssen es!

Ich würde mir sehr wünschen, dass alle Kinder ein wenig von dem unbeschwerten Umgang mit Hunden erleben dürfen, den meine Kinder erleben durften. Ich wünsche mir, dass sie den Hund schätzen und achten lernen und wieder als Hund mit dem Verhalten und den Bedürfnissen eines Hundes akzeptieren. Tiere sind wichtig für die Entwicklung unserer Kinder und ihr Hineinwachsen in die Gesellschaft. Das sah auch unser erster Bundespräsident Theodor Heuss so:

„Je früher unsere Jugend von sich aus jede Rohheit gegen Tiere als verwerflich anzusehen lernt, je mehr sie darauf achtet, dass aus Spiel und Umgang mit Tieren nicht Quälerei wird, desto klarer wird auch später ihr Unterscheidungsvermögen werden, was in der Welt der Großen Recht und Unrecht ist.“

Literaturverzeichnis

Bergler, Reinhold: *Mensch und Hund.* edition agrippa gmbH, Köln 1986

Bergler, Reinhold: *Warum Kinder Tiere brauchen*, Verlag Herder, Freiburg 1994

Bloch, Günther: *Der Wolf im Hundepelz*, Stuttgart 2004

Bloch, Günther: *Die Pizza-Hunde*, Kosmos Verlag, Stuttgart 2007

Fischer, Klaus: *Mein Kind kommt in die Schule* (Hilfen für Eltern 1). www.fischer-erziehungshilfen.de

Fischer, Klaus: *Pubertät – Wenn die Eltern komisch werden* (Hilfen für Eltern 2). www.fischer-erziehungshilfen.de

Fischer, Klaus: *Grenzen setzen* (Hilfen für Eltern 4). www.fischer-erziehungshilfen.de

Fischer, Sandra: *Die Abbruchsignale des Hundes.* Diplomarbeit, Würzburg 2007

Feddersen-Petersen, Dorit Urd: *Hunde und ihre Menschen.* Franckh-Kosmos Verlag, Stuttgart 1992

Feddersen-Petersen, Dorit Urd: *Hundepsychologie.* Franckh-Kosmos Verlag, Stuttgart 2004

Feddersen-Petersen, Dorit Urd: *Ausdrucksverhalten beim Hund.* Franckh Kosmos Verlag, Stuttgart 2008

Feddersen-Petersen, Dorit Urd (1995): In: D. Feddersen-Petersen, F. Ohl: *Ausdrucksverhalten beim Hund.* Gustav Fischer Verlag. Jena, Stuttgart 1995

Feddersen-Petersen, Dorit Urd: Hund. In: H. H. Sambraus, A. Steiger (Hrsg.): *Das Buch vom Tierschutz.* Enke Vlg, Stuttgart 1997

Gansloßer, Udo: *Säugetierverhalten.* Filander Verlag, Fürth 1998

Gansloßer, Udo (Hrsg.): *Gruppenmechanismen.* Filander Verlag, Fürth 2002

Gansloßer, Udo: *Verhaltensbiologie für Hundehalter.* Kosmos, Stuttgart 2007

Gansloßer, Udo (Hrsg.): *Hunde aus dem Ausland.* Filander Verlag, Fürth 2011

Gansloßer, Udo; Krivy, Petra: *Verhaltensbiologie für Hundehalter – Das Praxisbuch.* Kosmos, Stuttgart 2011

Gieser, Ulrike: *Vergleichende Untersuchung von Wesenstests auf ihre Eignung, unterschiedliche Formen aggressiven Verhaltens sowie das Jagdverhalten von Hunden korrekt zu beurteilen.* Dissertation, Berlin 2006

Krivy, Petra; Lanzerath, Angelika: *Was ein Welpe lernen muss.* Müller-Rüschlikon, Stuttgart 2009

Krivy, Petra: *Hunde verstehen*: Müller-Rüschlikon, Stuttgart 2010

Krivy, Petra: So geht's nicht weiter. Müller-Rüschlikon, Stuttgart/ Hamburg 2010

Rogge, Jan Uwe: *Pubertät. Loslassen und Haltgeben.* Rowohlt 1998

Olbrich, Erhard; Otterstedt, Carola: *Menschen brauchen Tiere.* Franckh-Kosmos, Stuttgart 2003

Pauli, Sabine; Kisch, Andrea: *Was ist los mit meinem Kind?.* Urania-Ravensburger Verlag, Berlin 1998

Vernooij, Monika A.; Schneider, Silke: *Handbuch der Tiergestützten Intervention.* Quelle & Meyer Verlag, Wiebelsheim 2008

Schewick, Manuela van: *Der richtige Hund für mein Kind.* Augustus Verlag, Augsburg 2000

Schewick, Manuela van: *Labrador Retriever.* Augustus Verlag, München 2000

Schewick, Manuela van: *Kind und Hund.* BLV, München 2002

Schewick, Manuela van: *Apportieren mit Spaß.* Müller-Rüschlikon, Stuttgart 2010

Zimen, Erik: *Der Hund.* Piper, München 1988

Schweizerische Eidgenossenschaft, Bundesamt für Veterinärwesen, *Beißunfälle Statistik 2007*

www.familienhandbuch.de

Die Autorin

Manuela van Schewick hat vier erwachsene Kinder und lebt in der Nähe von Bonn auf einem ehemaligen Bauernhof. Dort betreibt sie die seit 1996 bestehende Hundeschule und eine Hundepension. Der Hof ist Begegnungsstätte für Menschen und Tiere. Hier leben Pferde, Esel, Schafe, Hunde, Katzen und Kaninchen, die in das Gesamtkonzept tiergestützter Interventionen einbezogen werden. Regelmäßig wachsen hier Labrador Retriever Welpen auf, die insbesondere im therapeutischen und pädagogischen Bereich ihre Lebensaufgabe finden. Bereits seit 1975 setzte die staatl. anerkannte Erzieherin verschiedene Tiere gezielt in ihrem pädagogischen Wirkungsbereich ein. Heute liegen ihre Schwerpunkte in der Arbeit mit Kindern und Hunden, im Training der Kommunikation zwischen Mensch und Hund und in der Ausbildung von Hunden für Menschen mit Handicaps, insbesondere Epilepsie.